팬데믹

일러두기

1. 책에 등장하는 주요 인명, 지명, 기관명 등은 국립국어원 외래어 표기법을 따랐지만 일부 단어에 대해서는 소리 나는 대로 표기했습니다.
2. 책은《 》, 연속간행물, 방송 프로그램 등은〈 〉로 구분했습니다.
3. 이 책은 건강한 미래 도시 연구를 위하여 여시재의 지원을 받아 2018년부터 2020년 까지 서울대학교 의과대학 예방의학 홍윤철 교수가 연구 수행한 결과물입니다.

팬데믹

바이러스의 습격, 무엇을 알고 어떻게 준비해야 하는가?

PANDEMIC

홍윤철 지음

포르*체

들어가며

"인류는 선택을 해야 한다. 분열의 길을 갈 것인가 아니면
글로벌 연대의 길을 걸을 것인가. 우리가 공공의 연대를 택한다면,
이는 코로나바이러스를 상대로 한 승리가 될 뿐만 아니라,
21세기의 모든 전염병에 대한 승리가 될 것이다."

_유발 하라리 Yuval Noah Harari

세계보건기구WHO는 코로나바이러스감염증-19가 모든 대륙으로 걷잡을 수 없이 퍼져 나가자 2020년 3월 11일 팬데믹pandemic을 선언했다. 이는 1968년의 홍콩 독감과 2009년의 신종 인플루엔자AH1N1에 이어 세 번째다. 사실 1918년 세계보건기구가 출범하기 전, 스페인을 휩쓴 바이러스 전염병 '스페인 독감' 역시 순식간에 세계로 퍼져 나가면서 약 5천만 명의 목숨을 앗아간 바 있다. 콜레라cholera와 같은 세균성 전염병의 유행도 20세기 중반까지는 인류의 생명을 위협했다. 그러나 위생적인 환경 구축의 노력과 항생제 개발로 현재 세균성 전염병으로 인한 사망률은 크게 낮아진 상태이다. 반면, 바이러스의 경우 백신이나 치료약이 개발되어도 얼마 지나지 않아 새로운 형태의 바이러스가 발생하기 때문에 현

대 사회라고 하여 그 위협을 쉽게 피할 수 있는 것이 아니다.

현재 인류는 전염병과 만성질환의 대응에 있어 어느 정도 괄목할 만한 성공을 거두었지만, 새롭게 대두되는 질병 문제에 직면해 있다. 인류가 직면한 새로운 질환으로는 대유행성 바이러스 전염병, 노령인구 증가로 인한 알츠하이머병과 같은 신경퇴행성질환, 아토피 혹은 자가면역질환과 같은 면역교란질환이 있다. 경쟁과 스트레스와 같은 정신적인 자극에 의하여 생기는 정신질환, 그리고 나이가 들어 생기는 노쇠현상도 빠질 수 없다.

우리에게는 이러한 질병 변화의 흐름에 맞춘 새로운 대응 전략이 필요하다. 오늘날처럼 국경이나 인종에 관계없이 '팬데믹 현상'이 주기적으로 발생하고, 한편으로는 만성질환이 예외 없이 늘어나는 상황에서 인류의 지상과제는 미래의 도시를 건강하게 만드는 일이 되어야 한다. 그런 점에서 질병에 대한 대응과 관련하여 산업혁명 시기에 열악한 생활환경을 고발하고 공중보건의 필요성을 역설했던 선구자들의 노력은 중요한 의미를 가진다. 특히 당시 에드윈 채드윅Edwin Chadwick의 '영국 노동자의 건강 상태에 대한 고발'은 공중보건과 위생 개선에 큰 역할을 했다. 이후 공중보건은 독일의 루돌프 피르호Rudolf Ludwig Karl Virchow라는 세포 병리학자에 의하여 사회의학으로 이어졌다. "의학은 사회과학이며, 정치는 더 큰 규모의 의학에 불과하다."라는 피르호의 발언은 의료가 사회의 중심에 있다는 것을 강변한다.

현대인에게 도시는 삶의 주요한 터전이며, 건강과 생명을 보호받는 장소다. 그렇다면 미래의 도시는 어떤 방향으로 나아가야 할까? 앞으로 대부분의 인류가 도시 공간에서 살아갈 것으로 예측되는 만큼, 도시를 어떻게 설계하고 만들어갈 것인가는 무척 중요하다. 특히 도시 구성원의 건강은 공동체를 유지 발전시키는 데 필수적인 요소이기 때문에 '건강'을 도시의 중심 가치로 잡아야 한다.

미래 도시 속의 인간은 기계로 가득한 도시 공간에서 부속품처럼 사는 것이 아니라 적극적인 참여자로서 안전하고 건강하게 살수 있어야 한다. 그러기 위해서는 의료 역시 질병 중심의 의료에서 환자 중심 또는 사람 중심의 의료로 변화해가야 한다. 의료의 범위 또한 병원이라는 한정된 공간에서 벗어나 지역 사회로 넓어질 필요가 있다. 한편, 질병을 치료하고 건강을 관리하는 의료 체계와 서비스는 교통체계나 여가활동과 같은 도시의 다른 기능과 분리되어 작동하는 것이 아니라 통합적으로 이루어져야 한다.

도시의 구조와 서비스, 그리고 이를 계획하는 과정에 대한 미래 사회시스템은 주민들의 직접적인 참여를 통해 만들어질 필요가 있다. 그리하여 이러한 사회시스템은 주민의 건강을 증진시킬수 있는 방향으로 설계되어야 한다. 그렇게만 된다면, 사회적 약자를 포함한 모든 사람이 사회의 일원으로서 공정하게 의료 혜택을 받을 수 있게 되고, 결국 사회의 지속가능성은 높아질 것이다.

전염병이 지구상 모든 대륙에서 유행하게 되는 현상을 '팬데믹'이라고 한다. 우리는 지금, 국경을 가리지 않고 바이러스 및 질병이 활개 치는 팬데믹의 시대에 살고 있다. 이 책에서는 문명의 시발이 된 도시와 그 발전 과정에서 나타난 전염병 등의 질병, 그리고 이러한 질병에 대응하면서 변화해온 의료를 중심으로 과거의 역사를 고찰하고 바람직한 미래 사회의 모습을 그려보고자 한다. 또한 전염병의 주기적 대유행이나 만성질환의 유행과 같은 질병의 위협에 무너지지 않는 '건강도시'를 설계해보고자 한다.

이 책은 치사율이 34퍼센트에 달하는 메르스가 한국을 강타한 이후, 사회·경제·인류 생존에 해답을 찾고자 3년간 연구한 결과다. 이 결실을 맺기까지 많은 분들의 도움을 받았다. 특히 여시재의 이광재 원장과 이대식, 이명호 박사는 미래 도시에 실현할 의료 서비스에 관해 아낌없는 지지와 조언을 주었다. 또한 이 책을 쓰는 데 자료의 검색과 정리 등 수고를 아끼지 않은 이지은 연구원의 도움이 없었으면 책의 발간이 얼마나 늦어졌을지 모를 일이다. 끝으로 대부분의 주말을 책상에서 보낸 나에게 한결 같은 지지와 성원을 보내준 아내와 두 딸에게 언제나처럼 감사를 드린다.

2020년 3월
서울대학교 예방의학 홍윤철 교수

목차

1장

바이러스의 습격, 무엇을 알아야 하는가?

2장

바이러스의 습격, 어떻게 준비해야 하는가?

3장

팬데믹 생존 해법, 건강도시 하이게이아

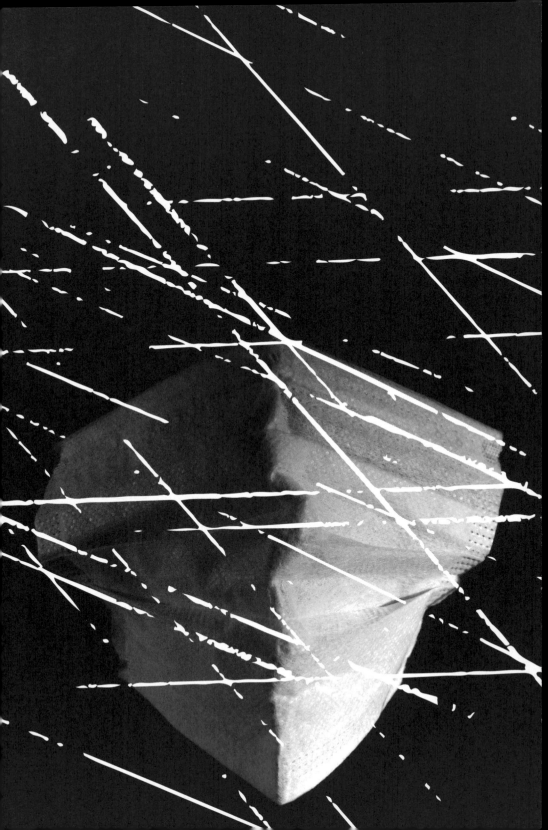

1장

바이러스의 습격,
무엇을 알아야 하는가?

PANDEMIC

전염병의
탄생

전염병은 언제부터 발생했을까?

지난 1만 년 동안의 역사를 돌아보면 인류의 건강을 위협했던 가장 큰 요인은 그동안 겪어보지 못했던 병원균이 체내에 들어와 병을 일으키는 '감염병'이며, 이 중 더욱 쉽게 전파되어 유행을 일으키는 질환을 전염병이라 한다. 전염병은 인간을 숙주로 삼는 병원균이 체내에서 활동하면서 인간의 몸에 병을 일으킨 이후 다른 인간을 숙주로 삼아 옮겨가며 전파되는 질환을 뜻한다.

그렇다면 오늘날과 같이 인류를 괴롭히는 전염병이 선행인류에게도 있었을까? 인구수도 많지 않고 서로 멀리 떨어져 살아서 교류 또한 거의 없던 수렵채집 시기의 선행인류에게는 인간에게서 인간으로 퍼지는 전염병이 존재했다고 보기 어렵다. 단지 나병을 일으키는 균과 같이 감염되어도 환자가 바로 사망하지 않고 비교적 오랫동안 생존해 있는 경우는 예외다. 왜냐하면 환자 주변의 몇 사람만 감염시켜도 나병의 병원균은 충분히 생존할 수 있기 때문이다. 이와 유사한 종류의 '만성적인' 전염병은 오늘날에 와서 생겨난 질병이 아니라 선행인류와 더불어 현인류까지도 충분히 감염될 수 있는 예외적인 전염병이다. 하지만 그 외에 오늘날 나타나는 대부분의 전염병은 전혀 새로운 질환이다.

수백만 년 동안 인류의 조상은 수렵과 채집에 의존하면서 소수의 무리가 어느 한곳에 오래 정착하지 않고 떠돌아다니는 생활을 했다. 이때에는 서로 간의 접촉이 많지 않았기 때문에 질환이 발생해도 유행하거나 전파되는 일이 드물었다. 그러나 약 1만 2천 년 전쯤 마지막 빙하기가 끝나면서 지구환경은 오늘날과 같이 변했고, 이는 사람들의 이동과 거주지에 엄청난 변화를 가져왔다. 바이러스 혹은 박테리아와 같은 세균 중 일부도 빙하 속에서 동면하다가 빙하기가 끝나면서 활동을 시작했다.

수렵채집 시기는 문명이 시작되기 전이라 석기나 언어와 같은 문화적 도구의 힘보다는 자연의 힘이 훨씬 지배적인 영향을 미쳤다. 선행인류에서 호모 사피엔스로 변해 오면서 도구와 불의 사용, 음식의 변화, 의복과 주거지의 변화와 함께 생존의 조건 또한 서서히 개선되었다. 하지만 사망률이 출생률과 거의 같아서 인구의 증가는 거의 없었고 당시 인류의 평균 수명은 20~25세 정도였으며

40세를 넘기기 어려웠다. 수렵채집인의 건강에 가장 치명적이었던 요인은 먹을거리의 부족이었으며 그다음 요인은 수렵채집 활동을 하면서 찔리거나 떨어져서 다친 상해였다. 상처를 입으면 생활환경에 있는 세균이 상처 부위에 감염을 일으킬 수 있는데 이는 수렵채집인의 건강을 위협하는 하나의 요인이었다. 그럼에도 불구하고 오늘날 볼 수 있는 대부분의 전염병은 수렵채집 시기에는 거의 발생하지 않았다.

실제 감염병을 일으키는 세균은 인체 내부와 외부, 그리고 생활주변에서 접할 수 있는 미생물 중 극히 일부에 불과하다. 사실 대다수의 미생물은 질병을 일으키지 않고 인류와 공생의 관계를 이루며 사람에게 도움이 되기도 한다. 다만, 이러한 공생의 관계는 대부분 사람과 미생물 사이에 힘의 균형이 이루어지는 정상적인 상태에서만 나타나게 되고 영양 상태가 나쁘거나 스트레스가 심할 때는 둘 사이의 힘의 균형이 무너지기 때문에 공생 관계에 있는 미생물도 사람에게 병을 일으킨다. 예를 들어, 대장에서 정상적으로 살고 있는 세균인 대장균은 일반적으로 병을 일으키지 않지만, 면역력이 떨어진 상태가 되거나 대장의 환경이 크게 바뀌게 되면 감염을 일으킬 수 있다.

즉, 우리에게 어느 정도의 방어 능력이 있고, 우리 몸이 힘의 균형을 유지할 수 있는 경우에는 인류와 미생물의 공생 관계가 형성되는 것이다. 그러나 선행인류나 현인류가 미생물을 처음 접했을 때부터 이러한 공생관계가 주어지는 것은 아니다. 아마도 아메바와 같은 원생동물이나 박테리아와 같은 미생물이 선행인류나 현인류의 몸 안에 처음 들어갔을 때는 인류와 미생물 간에 적응이 활성화되지 않은 상태였을 것이다. 따라서 초기에는 그 개체나 집단에게 질병을 유발하고, 그중 일부는 사망에 이르렀을지도 모른다. 결국 선행인류나 현인류는 몸 안에 들어온 미생물이 병을 유발하지 않거나 심한 증상을 초래하지 않은 개체만이 살아남는 자연선택의 과정을 거쳤다고 할 수 있다.

미생물 역시 병에 걸린 숙주의 사망은 곧 자신의 생존과 번식을 위협하기 때문에, 그들 입장에서도 숙주의 사망은 바람직하지 않다. 따라서 미생물의 경우도 점진적으로 질병 발생을 최소화하는 방향으로 자연선택이 일어난 것이다. 이와 같은 과정을 통해 형성된 미생물과 인간의 '공존 혹은 공생'의 관계는 미생물의 독력이나 감염 능력과 인간의 방어 능력 사이의 균형이 이루어진 관계라고 할 수 있다.

한편 미생물이 사람에게 병을 일으키고 그 병이 전염성을 가지려면 우선 사람의 방어 능력을 뛰어넘어야 하며, 그 외에도 몇 가지 중요한 조건들이 있다. 첫째 미생물이 인간을 숙주로 삼아 계속해서 번식할 수 있어야 한다. 하지만 수렵채집 시기에는 오늘날처럼 많은 이들이 한곳에 모여 살지 않고, 서로 멀리 떨어져 작은 무리를 이루어 살거나 새로운 거주지를 찾아 여러 지역을 이동하며 살았다. 때문에 사람 간에 미생물이 전파되거나 중간 숙주를 거친 미생물이 사람에게 쉽게 옮을 수 없었다. 예를 들어, 홍역을 일으키는 바이러스는 한 사람에게 감염을 일으킨 후 곧바로 다른 사람에게 전파되지 않으면 사멸되기 때문에 많은 사람이 모여 사는 지역에서는 쉽게 퍼져 나가지만, 그렇지 못한 곳에서는 전파가 어렵다. 동물을 사냥하거나 죽은 동물의 고기를 다룰 때에도 동물이 가지고 있는 균이 사람에게 들어와서 감염병을 일으킬 수는 있으나, 이때 인간은 해당 감염균의 정상적인 숙주가 아니므로 대부분 사람과 사람 사이에서 쉽게 퍼져 나가지 않는다. 즉, 수렵채집 시기에 가장 강력한 질병 매개체인 동물을 통해 세균에 감염되거나 중독이 일어났으나, 이 경우에도 사람 간의 전염병이 유행하는 현상은 거의 나타나지 않았다고 할 수 있다.

농업 생활이 가져온 영양 섭취의 변화

식품영양학적으로 잡식성이었던 선행인류의 영양 섭취를 본다면 현대인보다 단백질 섭취 비중이 월등히 높았을 것으로 보인다. 이때 단백질의 구성은 대부분 동물성 단백질이 아닌 식물성 단백질이었다. 반면 탄수화물의 섭취는 오늘날에 비해 훨씬 적었는데, 아주 적은 양의 녹말 정도를 섭취할 뿐이어서 현대인의 식이에너지에서 탄수화물이 차지하는 비중에 비하면 현격히 적은 수준이다.

농경생활이 본격화되고 문명화가 진행되며 과거 인류의 조상은 경험하지 못했던 알코올 섭취, 소금 생산의 증가, 설탕 보급 등은 인류의 건강에 상당한 영향을 주게 되었다. 특히 산업혁명 이후 인류의 영양 섭취는 수렵채집 시기뿐 아니라 농업혁명 이후 단일 작물에 의존하던 시기의 영양 섭취와도 거리가 멀어졌다. 연마에 의한 도정이 가능해지면서 곡류에 들어 있는 섬유질의 양이 줄어들게 되었고, 전체 섬유 섭취량은 수렵채집 시기나 농경 시대보다 감소하였으며 소고기 등 상업화된 육류의 소비 또한 증가하였다. 전적으로 수렵채집에만 의존했던 생활 방식에서 농경 생활로의 전환, 그리고 산업혁명에 이은 현대 사회의 도래는 그야말로 식생활 및 영양 섭취의 측면에서 이루어진 획기적인 변화였던 것이다.

　　수렵채집 시기에서 농경 생활 시기로 접어들면서 여러 인구 집단에서 일시적으로 영양 섭취의 저하가 초래되었다. 농경기에 접어들어 인류는 아시아의 쌀, 중동과 유럽의 밀, 아메리카의 옥수수와 같이 주 곡식의 의존도를 높여가며 먹을거리의 안정성은 높였으나, 수렵채집 시기에 비해 음식의 다양성과 영양소 측면에서는 뒤처지는 결과가 나타났기 때문이다. 수렵으로 얻었던 동물성 단백질 섭취가 줄어들었을 뿐 아니라, 농사로 얻을 수 있는 식물은 채집으로 얻었던 식물에 비해 그 종류가 매우 제한적이었다. 예를 들어, 기장과 밀과 같은 곡물에는 철분이 거의 포함되어 있지 않아서 나일강 유역의 아이들은 젖을 뗀 이후에는 철분이 거의 함유되지 않은 곡물만을 먹은 셈이다. 결국 주식이 되는 탄수화물류 곡물에 대한 과도한 의존은 철의 결핍으로 인한 빈혈을 초래하였다.

인류의 조상은 오랜 기간 수렵채집을 통해 영양 섭취를 해왔기 때문에 현인류의 유전자는 기본적으로 수렵채집 생활을 기반으로 하여 선택, 적응되었다고 볼 수 있다. 때때로 자연선택의 압력이 상당히 큰 경우에는 유전자의 변화가 수천 년이라는 기간 안에도 발생할 수 있지만, 수렵채집 생활에 적응되어 있는 인류의 유전자가 그처럼 단기간에 현대인의 영양 환경에 맞게 변화했다고 보기 어렵다. 결국 변화된 영양 섭취와 현대인이 가지고 있는 유전자의 부조화나 부적응이 오늘날 많은 질병의 원인을 제공한 것으로 보인다. 다시 말해 수렵채집 시기의 영양소 섭취 양상과 문명화 이후의 영양 섭취 양상이 달라질수록 현대인은 그만큼 여러 가지 질환에 걸릴 가능성이 높아지는 것이다.

바이러스의 변화와 탄생

기원전 5,000년쯤에 이르면 수렵채집인의 정착 생활이 대부분 자리 잡게 되는데, 이때부터는 안정된 정착 생활로 인한 건강상의 이득이 농경 초기에 영양 섭취 부족으로 초래된 건강상의 손해를 웃돌기 시작하였다. 이는 계절적으로 발생하던 기근으로 먹을거리 부족이나 수렵채집 활동에 의해 생겼던 상해가 줄어든 반면, 안정된 곡물 생산으로 인한 영양 공급이 늘어났기 때문이다. 특히 여성의 건강이 좋아지고 인구가 늘면서 환자를 돌보는 일이 수월해졌고, 이는 인구 전체의 건강 수준 향상을 꾀했다.

그러나 수렵채집 시기에서 농경과 정착생활의 시기로 이행하면서 인류가 이득만 본 것은 아니다. 농경으로 전환되면서 수렵채집 시기의 질병과는 매우 다른 양상의 질병이 나타난 것이다. 이행 초기에 인류는 신체적으로 작아지게 되었는데, 영양 섭취가 수렵채집 시기에 비해 적어졌기 때문도 있으나, 또 다른 이유는 말라리아나 십이지장충과 같은 병이 풍토병으로 자리 잡았기 때문이었다. 풍토병이란 이동을 자주하지 않고 일정한 장소에 터전을 잡고 정주하는 인구 집단을 숙주로 하는 병원균이 만성적으로 그 인구 집단에서 일으키는 질병을 말한다. 예를 들어, 말라리아와 같은 풍토병에 유전적으로 적응되어 적혈구의 변형, 즉 지중해 빈혈증이 나타나기 시작한 시기도 정착생활 이후였다.

또한 이웃한 정착촌과의 교류나 먼 거리 무역의 증가는 과거에 겪어보지 못했던 질병을 가져왔으며, 배설물과 쓰레기가 한 곳에 쌓이고 가축을 가까이 하면서 정착촌은 여러 가지 질병의 발생과 확산의 온상지가 되었다. 예컨대, 농경지가 개간되면서 침팬지와 같은 영장류들은 그들의 주요 서식지를 잃게 되었는데, 이 동물들은 말라리아 기생충과 황열병 바이러스를 가지고 있던 모기의 숙주였다. 결국 이러한 영장류의 서식지를 대신 차지한 사람들이 새로운 숙주가 되었고, 필연적으로 모기가 매개하는 질환이 퍼져 나가게 되었다.[1] 병원균이 동물로부터 사람에게 옮겨와 생기는 감염병은 염소, 양, 소, 돼지, 닭과 같은 가축뿐만이 아니다. 인간의 주거지 가까이에 서식지를 만드는 쥐와 같은 동물로부터도 발생한다.[2]

한편 먹을거리의 다양성이 줄어들고, 잉여 곡물이 생산된 이후에는 곡물의 보관 처리와 관련된 세균과 곰팡이들이 식중독과 같은 문제를 일으키기도 하였다. 이집트에서는 나일강의 범람과 이를 이용한 농업으로 인해 수생 달팽이를 중간 숙주로 하는 주혈흡충이 사람의 피부를 통해 들어와 복통, 혈뇨 등 여러 가지 증상과 사망을 초래하기도 하였다.[3] 메소포타미아의 정착지와 인더스강, 페루 해안 지역의 사람들도 말라리아와 주혈흡충 같은 열대 질병으로 고통 받았을 것으로 추측된다.

결국 문명의 시작이라 할 수 있는 농업혁명은 정착촌을 형성하

---

1 Jenny Sutcliffe and Nancy Duina(1992), 《A History Of Medicine》, Barnes & Noble Books.

2 George J. Armelagos(2009), "The Paleolithic Disease-scape, the Hygiene Hypothesis, and the Second Epidemiological Transition", In Rook G. A. W. (eds.), 《The Hygiene Hypothesis and Darwinian Medicine. Progress in Inflammation Research》, Birkhäuser Basel.

3 Kenneth E. Kiple(1996), "The history of disease. In Roy Porter(Eds)", 《The Cambridge Illustrated History of Medicine》, Press Syndicate of the University of Cambridge, pp.16~51.

면서 '질병의 변화'와 함께 '질병의 탄생'을 초래하였다. 동물에서 유래된 병원균 감염질환이 새롭게 등장했으며 곡물로 편중된 영양 섭취의 결과 영양결핍 질환이 발생하였고, 오염되거나 부패된 식품 섭취로 질병을 얻기도 했다. 또 수렵채집 시기에는 거의 나타나지 않았던 농경 작업과 연관된 상해나 작업관련질환처럼 새로운 질병이 많이 생겨났다. 특히 병원균 감염에 의한 질환은 도시가 커지고 인구의 밀집도가 늘어나면서 개인 질환에서 도시나 지역의 풍토병, 나아가 다른 지역으로 전파되는 전염병으로 전환되어 갔다.

세균과 인간,
전쟁의 서막

폭풍우처럼 몰아친, 세균과 인간의 첫 만남

인간의 활동이 개입되지 않은 자연 상태에서도 생태계 간의 이동과 교류는 있었지만, 대개 그 과정은 매우 느린 속도로 진행되는데 비해 인간의 활동이 개입되면서부터 그러한 이동과 교류는 급격히 진행되었다. 인간은 그 변화의 중심에 서 있으면서 생태계 간의 이동과 교류의 피해자이기도 하다. 실제로 약 1만 년 전부터 문명화가 진행되면서 인간의 건강을 크게 위협했던 전염병들의 병원균은 대부분 야생 동물과 공존하면서 생존해왔던 것들이다.

인간이 이동과 정착 그리고 가축을 길들여 생활하면서 동물을 숙주로 삼았던 균들은 사람과 접촉하게 되었다. 사람이 이러한 균을 접한 것은 이때가 처음이지만, 세균 역시 사람을 맞닥뜨리게 된 것도 이때가 처음이다. 사람과 세균의 첫 만남이 평화로운 공존으로 끝나거나 좋게는 인류에 이로운 방향으로 갈 수도 있었으나, 아쉽게도 대부분 인류의 건강에 치명적인 영향을 남겼다. 인간의 정착촌과 집단 생활은 쥐와 같은 작은 동물도 생활 반경으로 끌어들이게 되었고, 이는 쥐에 서식하는 여러 가지 세균에 사람들이 접촉하게 되는 계기가 되었다. 쥐, 특히 집쥐는 중앙아시아의 야생쥐에서 비롯하였다. 집쥐는 너무도 쉽게 농경 생활로 형성된 마을의 집단 거주지에 정착하여 사람이 버린 음식물 쓰레기나 저장된 곡물 등을 먹으며 살았다. 더구나 사람의 거주지는 쥐의 천적이 되는 야생 동물로부터 자신을 보호하는 역할을 해주었기 때문에 쥐는 사람의 주거지에서 쉽게 번식하였다. 특히 중앙아시아가 전 세계 교역의 중요한 통로가 되면서 쥐는 유럽과 북아프리카, 인도 그리고 아시아로 퍼져 나갔다.

야생쥐도 인간에게 위험한 것은 마찬가지다. 야생쥐가 가진 균은 야생쥐끼리의 관계에서는 병을 일으키지 않는다. 따라서 야생쥐는 자연적인 숙주로서 그 병원균을 몸 안에 품고 다니며 번식한다. 그러나 사람들이 이동하며 새로운 거주지를 차지하고, 그 활동 영역 또한 넓어지면서 야생쥐가 전파하는 병원균에 접촉하는 경우가 발생하게 되었다. 야생쥐가 가진 병원균의 자연적 숙주는 사람이 아니기 때문에 이 병원균은 당연하게도 사람에게 치명적인 질병을 일으키게 된 것이다. 예를 들어, 츠츠가무시tsutsugamushi와 같은 병은 야생쥐에 기생하던 쥐벼룩에 물려 발생할 수 있으며, 유행성 출혈열은 야생쥐의 소변에 있는 바이러스가 공기 중에 떠다니다가 사람에게 들어와 일으키는 병이다.

또한 사람과 더불어 살던 집쥐와 야생쥐가 만나게 되면, 자연적인 숙주는 아닐지라도 집쥐가 병원균을 옮겨와서 전파하는 역할을 한다. 대표적인 예가 유럽 인구의 3분의 1 이상을 죽음으로 몰아넣었던 페스트plague다. 페스트를 일으킨 균은 예르시니아 페스티스Yersinia pestis로 중앙아시아에 서식하던 야생쥐에 기생하는 쥐벼룩에 의해 옮겨졌다. 실크로드를 통해 중앙아시아와 유럽이 연결되고 또 배를 이용한 양국의 교역이 증가하면서 집쥐를 매개로 하여 사람과 페스트균이 접촉하게 되었고 치명적인 결과로 이어지게 된 것이다.

병원균과 사람의 첫 번째 조우가 건강에 얼마나 강력한 위협 요인이 될 수 있는지는 아즈텍 제국Imperio azteca의 몰락을 통해서도 알 수 있다. 코르테스가 이끄는 스페인 병사들이 아즈텍 제국을 공격했을 때 아스텍 제국은 스페인 병사가 옮긴 천연두 때문에 전쟁을 치를 수 없는 상태가 되어버렸다. 수도인 테노치티틀란은 비참하게도 시체로 가득 찬 곳으로 변했는데, 수백 명에 불과한 스페인 병사가 수백만 명의 아즈텍 제국 용사들을 이길 수 있었던 이유는 다름 아닌 천연두라는 가공할 만한 생물 무기 때문이었다.

그러나 유럽에서 온 균으로 인해 아메리카 원주민들이 치명적인 병에 시달리기만 했던 것은 아니었다. 유럽인들 역시 아메리카에서 들어온 매독균에 시달려야 했다. 매독균은 아메리카 원주민에게는 토착적인 균이었고 성병을 일으키지도 않았지만 유럽으로 전파되면서 성적으로 문란한 도시환경과 더불어 성병을 일으키는 균으로 등장하게 된 것이다.

사람과 세균의 첫 조우에서 세균이 인간의 건강에 치명적인 위협을 가할 수 있었던 이유는 해당 세균에 대한 인간의 적응 과정이 부족했기 때문이었다. 세균의 침입과 그 세균이 몸 안에서 활성화되는 것을 막을 수 있는 면역 방어기전이 아직 인간의 체내에 만들어지지 않은 것이다. 사람과 세균의 접촉이 상당히 오랜 기간 이루어지면 사람과 세균 상호 간에 적응 과정을 거치게 된다. 이렇게 되면 사람들은 세균에 저항할 수 있는 면역체계를 스스로 만들어 내고, 자연선택 과정에서 면역체계를 갖춘 사람들이 생존에 보다 유리해지게 된다. 이런 적응 과정이 세균에 대한 가장 기본적인 대응기전이다.

문명화가 시작되고 생활환경이 급격히 변했던 최근 1만 년 동안에는 자연선택 과정도 상당히 빠르고 활발하게 일어났다. 새로운 전염병 때문에 약한 사람은 제거되고 강한 사람은 살아남는 자연선택 과정이 대규모로 일어난 것이다. 이 과정이 어느 정도 반복되면 그 인구 집단에서 자연 면역력의 전체적인 수준이 높아지게 되고, 전염병을 일으켰던 세균은 자신들의 생존을 영위할 수 있는 인간의 개체 수가 줄어들어 전염력을 상실해간다. 숙주가 반드시 존재해야 하는 세균 역시 강력한 전염력과 치명률에 의해 인간의 자연선택 과정이 급속화되면 결국은 생존할 수 있는 기반을 잃기 때문에 스스로 독력을 약화시키는 방향으로 자연선택된다. 따라서 대개는 사람과 세균의 첫 만남, 그 폭풍우가 지나가면 강력했던 병원균에 의한 치명률이 떨어지는 것이 자연스럽다. 우리는 이러한 현상을 과거의 페스트에서, 또 비교적 최근에 등장한 콜레라나 인플루엔자바이러스에서 경험했다. 결국 바이러스와 인류의 만남은 상호 간 공존의 전략을 찾아가는 것과 다름없다.

전염병의 창궐

전염병이 유행하기 위해서는 동물과의 잦은 접촉과 인구가 밀집한 주거 형태, 그리고 활발한 교역과 교류 등이 있어야 한다. 또 한편으로는 전염병을 일으키는 병원균의 감염력이 높거나 병원균에 감염된 사람의 저항력이 낮아야 한다. 그러나 문명이 발달하여 도시 국가나 제국이 형성되기 전에는 새로운 전염병을 일으키는 병원균과 사람이 대규모로 만난 적이 없었다. 그러나 도시국가는 문명이 발전하면서 교역로를 따라 형성되기 시작한 도시들을 근간으로 제국으로 발전했고, 이는 물품 교환뿐 아니라 병원균의 전파에도 아주 좋은 여건이 되었다. 상업과 교역이 늘어나면서 도시는 점차 거대화되었고 정치 체제도 도시 국가의 범위를 넘어 제국화되었다. 또한 제국의 원활한 통치를 위해 도로나 수레바퀴 등이 표준화되었다. 특히 로마제국은 영토 전역에 도로를 건설해 이동의 편의성을 높였는데 이는 전염병의 전파를 쉽게 만든 요인이기도 하다. 도시의 규모가 커지고 수가 늘어나면서 사람들은 이전보다 훨씬 더 도시에 밀집해 살게 되었고, 가축과 동물도 사람과 더욱 밀접한 접촉을 하게 되었다. 한편으로는 대부분의 지역에 사람이나 가축의 분뇨를 처리할 수 있는 위생시설이 제대로 갖추어지지 않았기 때문에 병원균이 번성할 수 있는 여건도 마련되었다. 결국 전염병이 거주 지역 내에서 활성화될 수 있는 조건을 갖추게 되었을 뿐 아니라 과거에는 지역적으로 국한되었던 전염병이 교역로를 따라 전파될 수 있는 기반을 다지게 된 것이다.

이처럼 도시는 병원균 전파에 완벽한 조건을 형성하였고, 전염병의 위세는 날로 커졌다. 한번 유행하기 시작한 전염병은 절대적인 공포의 대상이 되었으며 그 앞에서 사람들은 속절없이 죽어갔다. 그리스의 역사가 투키디데스Thukydides는 《펠로폰네소스 전쟁사》에서 전쟁의 승패가 전염병에 기인했다고 주장한다. 기원전 431~404년 아테네를 강타한 전염병은 아테네 인구의 25퍼센트인 7만 5천 명에서 십만 명 정도의 사람을 죽음으로 몰아넣었고 그중에는 아테네의 지도자였던 페리클레스Pericles도 있었다. 전염병이 한차례 훑고 지나간 아테네는 국력이 약해져 전쟁에서 패하게 되었고, 이후 경제적, 사회적으로 쇠퇴의 길을 걷게 되었다.[4]

본격적으로 유럽 사회에 전염병이 몰아치기 시작한 것은 서기 165년에 발병한 안토니우스 역병antonine plague으로, 로마 제국의 약 6,000~7,000만 명이 피해를 입은 것으로 추정된다. 안토니우스 역병으로 알려졌던 전염병은 천연두였을 것으로 추정되며, 이후 이 전염병은 십자군과 순례자들을 통해 중동지역에서 서유럽으로 세력을 넓혀 북유럽과 러시아까지 퍼져 나갔다. 이 전염병이 어떻게 로마 제국에 들어왔는지는 논란이 있으나, 외국과의 무역을 통해서나 전쟁에서 돌아온 군인에 의해 확산되었을 가능성이 높다.[5] 이동이 잦은 군대와 상인 무리는 전염병을 확산시키는 주요 매개체였고, 영향을 크게 받은 집단 역시 단체 생활을 하는 군인과 수도사들이었다.[6] 이처럼 이동경로에 따른 전염병의 확산은

---

4 Robert J. Littman(2009), "The Plague of Athens: Epidemiology and Paleopathology", 〈Mount Sinal Journal of Medicine〉, 76: 456~467.

5 Eriny Hanna(2015), "The Route to Crisis: Cities, Trade, and Epidemics of the Roman Empire", 〈Humanities and Social Sciences〉, 10: 1~10.

6 B. Lee Ligon(2006), "Plague: A Review of Its Historyand Potential as a Biological Weapon", 〈Seminars in Pediatric Infectious Diseases〉, 17(3): 161~170.

다양한 사례로 확인할 수 있다. 과거에 지리적으로 고립된 지역에 있는 사람들에게 국한되었던 전염병이 이제는 무역과 전쟁을 통해 새로운 장소로 퍼질 수 있게 된 것이다.

그러나 천연두의 위력은 흑사병에 비하면 약소한 편이었다. 페스트, 일명 흑사병은 역사적으로 세 번의 대유행이 있었고, 그로 인해 수많은 사람의 목숨을 앗아가며 사회경제적 구조마저 흔들었다.[7] 첫 번째 흑사병은 아프리카 에티오피아에서 발원하여 540년 이집트까지 확산되었고 동쪽으로 가자지역 그리고 예루살렘 등으로 퍼진 후에 지중해로 가는 해상 무역로를 따라 541년 콘스탄티노플에 도착했다고 알려진다. 콘스탄티노플에서 흑사병이 절정에 이르렀을 때는 하루에 5천 명이 죽어나갈 정도였으며 542~546년 사이에 지중해 동부 지역 인구의 4분의 1이 흑사병으로 사망했다. 이후 13~14세기에는 아시아에서 유럽으로 흑사병이 다시 퍼져 나갔다. 이것은 몽골군의 기병이 정복 활동을 위해 유럽 지역으로 세력을 뻗었을 때 시작된 일이었다. 특히 중앙아시아에서 유래된 검은 쥐는 아시아에서 중동으로 가는 실크로드를 따라 이동하거나 해상무역 루트를 통해 병을 옮기고 다녔다. 이 쥐들은 집이나 공장, 부두, 하수구와 같은 도시 내 번식지에서 생활

7　F. Fenner et al.(1988), 《Smallpox and Its Eradication》, WHO.

하면서 오랜 기간 유럽을 공포로 몰아넣었다.[8,9]

인간의 생태계 교란 그리고 감염

인류가 경험했던 무서운 전염병들은 세균이나 바이러스가 사람을 공격했다기보다는, 사람이 세균의 생태계를 교란한 후 사람과 병원균 사이에 새로운 생태학적 균형을 찾아가는 과정에서 벌어진 일이었다고 할 수 있다. 특히 아메리카 신대륙에서 전염병이 유행한 시점을 살펴보면 유라시아 구대륙보다 훨씬 짧은 시간에 파괴적으로 질병이 전파된 것으로 나타난다. 예를 들어, 천연두는 신대륙에서 엄청난 파괴력을 보인 질환이었는데, 이는 천연두가 전파되기 앞서 아메리카 신대륙에서 운송 수단이 발달되고 인적 교류가 활발하게 일어났기 때문이다. 천연두는 세균에 감염된 후 발병하기까지 잠복기가 10~14일가량으로 상대적으로 길기 때문에 감염 이후부터 질병 발생 전까지는 별다른 증상이 없어 광범위하게 전파될 수 있었다.

8　Charles L. Mee Jr.(1990), "How a Mysterious Disease Laid Low Europe's Masses", 〈Smithsonian〉, 20: 66~69.

9　John Frith(2012), "The History of Plague-Part1", 〈The Three Great Pandemics〉, 20(2): 11~16.

결과적으로 당시 인간의 이동과 교류, 농경지의 개간, 벌목 등 인간의 활동에 의한 생태학적 균형의 교란이 세균이나 바이러스에 의한 감염성질환의 근원적인 이유인 것이다. 인간에 의해 초래된 숙주 동물의 서식지 변화가 감염성질환에 영향을 주었던 예를 하나 살펴보자. 1950년대에 아르헨티나는 약 78만 킬로미터 (3만 마일)에 해당하는 비옥한 초지였던 팜파스Pampas를 옥수수 재배를 위한 경작지로 바꾼 바 있다. 이는 사람들의 거주지 근처에 칼로미스 무스칼리누스Calomys musculinus라는 옥수수쥐의 개체 수를 증가시켰고 이 쥐는 아르헨티나 출혈열의 집단 발병을 초래했다. 옥수수 경작지는 옥수수쥐에게 좋은 서식환경이 되었지만 옥수수쥐와 자연적인 경쟁 관계에 있던 다른 쥐에게는 그렇지 못하기 때문에 옥수수쥐의 개체 수는 걷잡을 수 없이 늘어났다. 옥수수쥐는 아르헨티나 출혈열을 일으키는 주닌junin 바이러스의 자연 숙주여서 소변이나 대변, 침 등을 통해 바이러스를 퍼트리는데 옥수수쥐의 증가는 자연히 바이러스 전파에 큰 역할을 했다. 아르헨티나 출혈열은 치명률이 15~30퍼센트에 이르는 무서운 질병이었다.

이처럼 감염성질환은 인간이 병원체의 자연 숙주인 동물에 영향을 미쳐서 발생하기도 하지만, 자연 숙주인 동물을 잡아먹는 포식자의 서식환경에 영향을 받아 증가하기도 한다. 어떻게 보면 실제로는 포식자가 더 큰 영향을 받는다고 볼 수 있다. 우선 포식동물의 수는 먹이가 되는 동물에 비해 상대적으로 적으면서 더 넓은 지역을 먹이환경으로 삼기 때문에 일부 지역이라도 인간의 활동에 의해 서식환경이 변하거나 파괴되면 상대적으로 생존에 더 많은 영향을 받기 때문이다. 따라서 포식동물이 환경 변화의 영향을 받아서 그 수가 적어지거나 없어지면 병원균을 가진 숙주 동물의 개체 수가 크게 늘면서 사람들에게 감염성질환을 쉽게 일으키게 되는 것이다.

곤충들도 전염성질환을 전파하는 데 핵심적 역할을 한다. 특히 파리, 모기, 이, 벼룩, 진드기 등의 곤충은 인간의 주거지와 밀접하게 연관되어 여러 가지 질환을 가져온다. 곤충들은 다양한 종류의 바이러스, 박테리아, 기생충, 진균 등을 가지면서 기회가 있을 때마다 사람의 혈액 속에 미생물을 퍼트려 질환을 일으킨다. 곤충과 미생물은 숙주 동물과 서로 적응된 상태로 오랜 기간 공존하기 때문에 균형이 깨져서 어느 한쪽이 지나치게 많아지거나 없어지는 것을 막기 위해 새로운 균형을 찾게 되는데 이 과정을 통해 사람에게 균을 퍼트린다.

곤충의 숙주 동물은 대개가 야생 동물이지만 사람이 농경 생활을 시작하면서 벌채와 개간을 하는 바람에 주변 자연환경이 상당히 변하게 되면서, 곤충과 미생물이 숙주 동물에게서 벗어나 사람을 숙주로 이용하는 경우가 생기게 되었다. 더욱이 인류가 집단 거주지를 형성해 한 곳에 밀집해 살게 되면서 사람을 숙주 동물로 활용하는 것이 용이해진 것이다. 또한 사람이 가축을 사육하게 되면서 야생 동물 대신 가축이 곤충의 숙주 동물로 이용되기도 했다. 이 중에서 사람과 가축을 가리지 않고 숙주로 활용하는 병원체는 가축에게 있는 여러 가지 병원체를 사람에게 전파하여 질병을 일으키게 된다.

주혈편모충증이나 황열, 아프리카 수면병African trypanosomiasis 등은 삼림과 사람의 주거지가 만나는 경계에 서식하는 매개 곤충에게 물려 발생하는 대표적인 감염성질환이다. 특히 지역 원주민이 아니라 외부인이 벌목을 하고 도로를 건설하는 등 삼림을 변화시킬 때 감염성질환에 더 잘 걸리게 되는데 외부인은 상대적으로 이러한 질환에 대한 면역체계를 갖추지 못하기 때문이다. 대표적으로 파나마 운하Canal de Panamá 건설과 관련 있던 황열 및 말라리아의 유행을 들 수 있다.

파나마 운하 건설은 파나마 지협에 수로를 건설하여 태평양과 대서양을 오가는 운송 시간과 비용을 대폭 감소할 수 있는 획기적인 프로젝트였다. 그러나 파나마 운하를 개발하려던 프랑스가 2만명 이상의 사망자를 남기고 1889년 운하 개발을 포기한 이유는 다름 아닌 모기에 의해 감염되는 황열과 말라리아 때문이었다. 반면 1914년 미국이 이 운하를 개발할 수 있었던 이유는 황열과 말라리아가 모기에 의해 전파된다는 것을 알고 모기 퇴치에 박차를 가했기 때문이다.

모기나 파리와 같은 곤충 말고도 달팽이류도 변화된 삼림환경의 영향을 받았다. 벌목으로 나무가 줄어들면서 강물이나 호수, 연못의 수량水量이 줄어들게 된다. 또한 나무가 적어져서 햇볕을 충분히 가리지 못하면 햇볕을 많이 받는 수초가 번성한다. 이러한 환경의 변화는 새로운 환경에 적응하지 못하는 종은 퇴보하고, 잘 적응하는 종만을 번성하게 하는데 이 종이 질병을 일으키는 기생충의 중간 숙주의 역할을 하는 경우가 생긴다. 예를 들면, 카메룬에서 벌목과 관련해 주혈흡충증이 증가한 사건이 있었다. 주로 삼림이 우거진 카메룬의 생태계에서 사는 불리누스 포스칼리Bulinus forskalii라는 달팽이는 사람에게 질병을 거의 일으키지 않는다. 그런데 벌목으로 생태계 환경이 변화하면서 햇볕을 좋아하는 달팽이인 불리누스 트런카투스Bulinus truncatus가 불리누스 포스칼리보다 번성하게 되었고, 이 달팽이가 주혈흡충증을 일으키는 기생충의 중간 숙주가 되어 결국 카메룬에서 주혈흡충증이 크게 증가한 것이다.

이와 같은 예는 에이즈AIDS 바이러스에서도 살펴볼 수 있다. 에이즈 바이러스는 아주 오랜 세월 동안 아프리카의 밀림 깊숙이 살았고 침팬지를 숙주로 한 바이러스였으나 사람들이 침팬지를 사냥하면서 침팬지에 물리거나 침팬지 피가 묻어 감염되었다. 오랜 기간 열대우림의 환경에 적응해서 살아온 에이즈 바이러스의 거주환경에 사람이 침입하면서 바이러스는 침팬지와 유사한 사람을 감염시키기 시작했고, 결국 이 바이러스에 대한 경험이 전무했던 사람에게 치명적인 결과를 낳게 된 것이다. 에이즈 바이러스는 인체의 면역체계에서 중요한 역할을 하는 CD4+T림프구를 공격하여 파괴하기 때문에 외부의 세균이나 암세포 등이 몸 안에 있을 때 이에 대한 방어를 할 수 없게 만든다. 따라서 여러 가지 감염병에 걸리기 쉬우며 암 발생률도 현저히 높아진다.

하지만 현대인에게 가장 무서운 감염성질환 중 하나인 에이즈도 시간이 지나면서 바이러스와 사람 간의 적응이 이루어질 것이므로 인류를 공포로 몰아넣었던 무서운 치사율은 시간이 지나면서 점차 완화될 것으로 보인다. 또한 최근에 개발된 에이즈 치료제들은 이러한 치명률을 더욱 낮추어 더 이상 사람의 목숨을 앗는 질환이 아니라 약제로 충분히 관리할 수 있는 질환이 되고 있다.

인류의 전염병 양상을 바꾼 가축

수렵채집 시기의 마지막 5만 년은 인류가 대이동을 통해 세계 각지에 흩어져서 정착하게 된 시기로, 이때는 생활의 변화가 각 지역 거주자의 유전적 특성 및 환경에 대한 적응력에 매우 중요한 영향을 미쳤던 시기이다. 특히 중위도中緯度 지역에 거주하던 사람을 중심으로 농경과 목축이 시작되는 문명의 초기는 오늘날 각 인종의 특성뿐 아니라 특징적인 질환이나 면역체계 등이 결정되는 시기였다. 중위도 지역에 온난한 기후가 자리를 잡게 되자 지중해 동쪽의 비옥한 초승달 지역에서 본격적으로 농사를 짓게 되면서 문명이 퍼져 나갔다. 특히 '기온'처럼 기후 조건이 비슷한 지역, 다시 말해 위도가 비슷한 동서 지역으로 문명이 뻗어나가며 메소포타미아를 비롯해 이집트, 인도, 중국 문명이 발달하기 시작했다. 농업에 기반한 문명은 동물의 가축화를 동반했고 대부분의 경우 목축은 농업을 보조하는 수단으로 사용되었지만, 때로는 목축이 농업 자체를 대신하기도 했다. 이러한 가축 사육은 농경과 더불어 문명의 시작을 뜻하기도 하지만, 한 측면에서는 인류의 질병이 새로운 양상으로 전개되기 시작했다는 것을 의미하기도 한다.

결국 동물의 가축화는 동물이 가진 다양한 세균이 사람에게 옮겨올 수 있는 환경을 만들었고 이는 각종 전염병이 생길 수 있는 기반을 제공한 셈이었다. 동물에 기생하는 병원균에게 사람은 정상적인 숙주가 아니지만, 동물과의 밀접한 접촉이 지속되면 동물 속 병원균에서 '돌연변이'가 발생한다. 그리고 이 돌연변이 병원균은 사람을 숙주로 삼을 가능성이 농후해진다. 결국 염소는 브루셀라병 brucellosis을 가져왔으며 소는 치명률이 높은 탄저병anthrax disease을 유발했다. 또한 소는 천연두와 디프테리아를 초래했고, 돼지는 인플루엔자를, 말은 감기를 가져왔다. 그 외 대부분의 상기도上氣道 바이러스 질환 역시 가축화가 시작된 후에 나타났다.

한편 남북 방향으로 펼쳐진 지형적 조건은 기후 조건을 크게 변화시키기 때문에 자연적 조건이 한계로 작용해 농경과 목축의 원활한 확산을 막는 요인이 되었다. 즉, 유럽과 아시아에서 광범위하고 다양하게 진행된 동물의 가축화가 아메리카와 같이 기후 변화의 폭이 큰 남북 방향의 자연적 조건에서는 쉽게 퍼져 나가지 못했던 것이다. 아메리카에서는 라마나 알파카와 같은 일부 동물만 가축화되었는데 이도 농경에는 활용되지 못하고 주로 물건을 나르거나 털을 얻기 위해 사용된 것이었다.

전염병은 그 병을 앓고 지나간 사람에게는 면역성을 남기기 때문에 각종 전염병을 먼저 거친 인구 집단은 전염병을 경험하지 못한 인구 집단에 비해 전염병에 대한 면역 능력에 큰 차이를 보인다. 즉, 아메리카 대륙의 거주민은 제한된 동물의 가축화로 인해 유럽과 아시아에 비해 전염병에 대한 경험이 적었고 따라서 집단 면역 능력 또한 떨어질 수밖에 없었다. 이는 유럽인들이 아메리카에 들어간 초기, 아메리카 원주민이 대유행성 전염병에 걸리게 된 근원이었다. 폴리네시아와 같이 고립된 지역에서는 이러한 현상이 더욱 극적으로 나타났다. 홍역은 소를 숙주로 한 바이러스로부터 변이가 일어나 변종 바이러스가 사람을 숙주로 삼으면서 나타나는 질병이다. 폴리네시아인은 수천 년 전, 소를 가축화하기 이전에 아시아에서 폴리네시아의 여러 섬으로 이주해 살기 시작했기 때문에 대항해 시대에 유럽인이 폴리네시아를 방문할 때까지는 홍역 바이러스를 경험한 적이 없었다. 결국 유럽인들이 폴리네시아를 점령하면서 퍼트린 홍역 바이러스는 홍역에 대한 면역 능력이 없던 폴리네시아인의 바이러스로 인한 사망에 원인이 되었다.

팬데믹의 주범은 누구인가?

근대 역사에서 인간의 주요 사망 원인이 된 천연두, 결핵, 페스트, 콜레라, 홍역 등의 질병은 모두 동물을 숙주로 하는 세균에서 비롯된 전염병이다. 인간이 생태환경을 변화시키고 활동 영역을 넓혀가면서 조우했던 이 병원균은 인간을 새로운 숙주로 삼아 번성할 수 있는 기회를 얻게 되었다. 인간은 서로 모여 살 뿐만 아니라 끊임없이 다른 집단과 교류했기 때문에 병원균의 입장에서는 동물이 숙주인 경우보다 스스로 전파할 기회를 훨씬 더 많이 얻을 수 있었기 때문이다. 특히 페스트의 대유행처럼 유럽과 아시아의 교류가 크게 늘어나면서 병원균은 그 세력을 최대한 넓힐 수 있었다. 다만 중세시대에는 농촌에서 촌락을 이루고 마을과 마을 사이에 거리를 둔 주거 환경이 전염병이 퍼져 나가는 데 일차적인 차단 역할을 했다면, 산업혁명으로 많은 농민이 도시로 몰려와 대규모 집단 거주를 하게 되며 병원균은 도시에서 또 한 번의 전성기를 맞게 되었다.

병원균의 이러한 전성기는 자원 확보를 위한 국가 간 전쟁이 대규모로 벌어졌던 20세기 전반까지도 지속되었다. 예를 들어, 제

1, 2차 세계대전을 포함하여 대부분의 전사자 중에는 전쟁 중 총포로 희생된 사람의 수보다 전시에 발생한 전염병으로 죽은 사람의 수가 훨씬 많았다. 병원균은 전파가 되어야만 생존할 수 있기 때문에 인구가 충분히 많고 서로 교류가 활발하며 위생 상태가 나빠질 때 가장 광범위하게 질병을 퍼뜨린다. 산업혁명과 전쟁은 이 모든 조건을 충실하게 갖추었으므로 전염병의 유행이 지속되는 것이다. 병원균만으로 전염병의 유행이 발생하는 것은 아니다. 인간이 병원균 전파에 안성맞춤인 환경을 만들었기 때문에 전염병의 유행이 생기는 것이다.

결국 인간 활동 영역의 확장이 기존에 형성되어 있던 곤충, 미생물, 야생 동물의 균형 상태를 깨트리고 그 불균형에 의해 사람과 가축이 숙주 동물로 활용되는 것이다. 예를 들어, 서식지의 위협을 받거나 포획된 박쥐를 통하여 바이러스가 인간으로 옮아오면서 신종 감염병을 일으킬 수 있다. 그런데 이러한 바이러스 전파가 일어나려면 숙주의 분포, 바이러스에 감염된 숙주, 그리고 새로운 숙주, 즉 사람의 감수성이 서로 연결되는 조건이 만들어져야 한다. 박쥐와 같이 바이러스의 원래 숙주가 아니라 사스SARS 유행 시의 사향고양이나 메르스MERS 유행 시의 낙타와 같이 중간 매개 동물이 바이러스 전파에 중요한 역할을 할 수도 있다. 놀라운 사실은 이러한 인수공통감염병은 70퍼센트 이상이 야생 동물에서 오는데, 시간이 지날수록 감소하는 것이 아니라 오히려 늘어나고 있

다는 점이다.10

그러나 이러한 직접적인 활동 외에도 인간은 화석연료를 사용하여 장기적으로 기온과 강수량을 변화시키거나 대기오염과 환경오염, 그리고 도시화에 의해 동물이나 곤충의 서식환경을 변화시키거나 파괴하여 생태학적 균형을 깨트리기도 한다. 최근 말라리아, 황열, 라임병과 같은 곤충매개질환이 다시 영역을 넓혀가고 있다. 숲이 없어지고 도시화가 진행되면서, 또 한편으로는 기후 변화에 의하여 곤충들의 서식환경이 바뀌면서 곤충을 매개로 하는 질병 역시 변화되고 있는 것이다. 이와 같이 인간이 자연과 환경을 변화시키면 이는 다시 새로운 적응과 균형 상태로 가기 위한 여정을 거치는데, 그것이 바로 질병으로 나타나는 것이다.

주변 환경의 변화는 기존 환경에 적응해온 인류에게는 또 다른 도전으로 다가온다. 인류의 건강이란 기나긴 여정을 통해 자연선택이라는 기전으로 주변 환경에 최적으로 적응된 상태라고 할 수 있다. 따라서 인류가 주도해 만들어 낸 새로운 환경은 적응과 건강이라는 측면에서는 새로운 도전인 것이다. 사실 미생물도 마찬가지로 적응이라는 도전에 내몰린다. 인류가 주도해서 만들어 낸 새로운 환경에서 미생물도 적응의 과제를 수행해야 한다. 특히 미생

---

10 Kate E. Jones, Nikkita G et al., "Global Trends In Emerging Infectious Diseases", 〈Nature〉 (2008. 02. 21), pp. 990~993.

물은 사람과의 관계에서 질병을 일으키고 전염력을 크게 해 생존할지, 아니면 질병을 일으키지 않고 사람과 공생적인 관계를 만들어서 생존해 나갈지를 정해야 하기 때문이다.

결론적으로 새로운 주거, 생활환경은 자연환경과 인간 그리고 병원체 간에 형성되었던 과거의 균형을 깨트리고 새로운 균형을 요구한다. 동시에 적응 과정 속에서 어긋나는 부분이 생겨나고 병원체와 인간 사이에 형성된 균형이 깨지면 결국 감염성질환이 발생하게 된다. 깨진 균형은 병원체와 인간 모두에게 적응 과정을 요구하고, 그 결과 장기적으로는 적응이 이루어져 감염성질환이 감소하는 방향으로 갈 것이다. 그러나 단기적으로는, 예를 들어 몇십 년 혹은 몇백 년의 시간 안에서는 이 적응 과정이 순탄치 않을 수 있고, 그로 인해 드물지 않게 대유행성 감염성질환, 즉 팬데믹이 일어날 수 있다.

우리는
왜 전염병에
걸리는가?

미생물과 인간의 싸움

전염병이 유행하기 위해서는 가축의 사육과 인구가 밀집된 거주 형태, 활발한 교역과 교류 등이 있어야 한다. 또한 전염병을 일으키는 미생물의 독력이 커야 하고, 미생물의 새로운 숙주가 된 사람의 저항력이 낮아야 한다. 문명이 발달하여 도시 국가나 제국이 형성되면서 이러한 조건을 갖춘 미생물이 사람을 공격하여 사람 간에 전파될 수 있었으며 사람은 이를 막을 방법이 없었다.

특히 새로운 지역에 대한 정복이나 자연환경을 변형하는 개발은 사람을 숙주로 이용하지 않던 미생물에게 사람을 숙주로 삼을 기회를 끊임없이 제공했는데, 이 중 돌연변이를 통해 사람이라는 숙주로 옮겨가는 데 성공한 미생물은 사람 사이에 새로운 전염병의 유행을 가져오곤 했다. 숙주를 바꾸는 일은 수렵채집 시기나 초기 농경 사회에서도 일어나곤 했지만 이때는 대개 한정된 정도였기 때문에 대규모의 전염병 유행을 일으킬 수는 없었다. 즉, 미생물이 병을 일으킨다고 하더라도 전염병이 되어 퍼져 나가지 않았고 해당 미생물은 본래 숙주에게 다시 돌아갔으나, 도시 국가와 제국 시대에는 전염병이 쉽게 전파될 수 있는 여건이 마련되었기 때문에 미생물은 사람을 새로운 숙주로 고착화하여 전염병의 대규모 유행을 일으킬 수 있었던 것이다.

사람을 새로운 숙주 삼아 전염병균이 인체로 들어오면 그 강력한 독력에 의해 감염된 사람이 죽기도 하지만, 감염자가 면역체를 생성하여 그 병에서 회복하는 방법을 제공하기도 한다. 이렇게 한 인구 집단 내에 면역력을 얻어 회복한 사람이 많아지게 되면 그 전염병균은 더 이상 사람과 사람 사이의 전파가 어려워진다. 마치 차단막이 많아지면 그것을 뚫고 나가기 어려운 것과 같다. 따라서 면역력을 갖추지 못한 새로운 인구가 끊임없이 유입되거나 후손이 지속적으로 늘어나면 전염병균은 사라지지 않을 것이다.

반면에 이러한 조건이 지속적으로 형성되는 지역에서는 상당 기간 전염병이 유행할 수 있다. 인구의 규모가 큰 도시는 어린이도 많기 때문에 이러한 조건이 충족된다. 특히 어린이는 학교나 탁아소 등에 밀집된 형태로 모여 있고 겨울에는 환기가 안 되는 실내에 함께 있으며 위생적이지 못한 환경에 노출되기 쉽다. 또한 충분한 면역 체계가 갖춰지지 못하여 전염병에 취약한 대상이 된다. 큰 규모의 도시가 전염병 유행에 적합한 또 다른 이유는 작은 규모의 도시에서는 전염병이 휩쓸고 지나가면 그 결과가 죽거나 혹은 살아서 면역이 생기거나 둘 중 하나로 귀결된다. 따라서 더 이상 감염시킬 사람이 없으면 전염병도 사멸하게 되는 것이다. 반대로 인구 규모가 크면 클수록 전염병균이 사람을 감염시킬 기회를 계속해서 갖게 되기 때문이다.

전염병의 시대로 들어가다

천연두는 바리올라variola라는 바이러스에 감염되어 생기는 질환이다. 대개 감염된 사람이 기침이나 재채기를 할 때, 상기도에서 나온 작은 침방울이나 피부의 농포에서 나온 고름 혹은 피부에서 떨어져 나간 딱지 등을 통해 다른 사람에게 전파되기 때문에 사람들이 밀집해서 생활하는 곳에서 전파되기 쉽다. 천연두 바이러스가 체내에 들어오게 되면 인체의 면역력이 큰 경우에는 가벼운 열만 앓고 지나갈 수 있지만 대부분은 바이러스가 전신에 퍼지면서 고열, 두통으로 시작해 출혈, 피부 농포 등 여러 가지 증상을 일으키고 면역력이 약한 경우에는 사망에까지 이르게 된다. 한마디로, 천연두는 감염되면 치사율이 30~50퍼센트에 이르는 무서운 질병이다.

이 바이러스는 원숭이나 다람쥐를 숙주로 하다가 사람에게로 옮겨와서 천연두를 일으켰을 것으로 추정되고 있다. 아마도 아프리카 밀림 속에 있다가 원숭이를 통해서 사람에게로 옮겨오고 나서 노예나 상인, 군인, 혹은 탐험가들을 통해 교역로를 따라서 천연두가 구세계에 들어왔을 가능성이 크다. 천연두는 고대 이집트의 미라에서도 확인이 되는데 파라오였던 람세스 5세도 기원전 1157년에 천연두로 사망한 것으로 알려졌다. 천연두가 고대 이집트에서 인도로 도달한 이후 인도는 2천 년 이상 만성적인 천연두 발생 지역이 되었고, 중국에 도착한 시기는 중앙아시아에 살던 훈족이 중국을 공격하던 기원전 250년경이다.

서기 164년에 로마제국에서 발생하여 맹위를 떨쳤던 천연두는 서기 569년에 에티오피아 군대가 메카를 공격한 코끼리 전쟁 때 아라비아에 확산되었다. 그 이후에 특히 십자군과 순례자를 통해 중동 지역에서 이탈리아, 프랑스, 스페인 등 서유럽으로 들어오면서 이곳은 오랜 기간 천연두의 발생지가 되었다. 천연두는 시간이 지나며 덴마크, 영국, 그린란드 등 북쪽으로 퍼져 나가다가 17세기에는 러시아에까지 이르렀다. 이렇게 천연두가 퍼져 나갔던 가장 중요한 이유는 이들 지역에서 도시화가 진행되었고, 사람들은 이전보다 더욱 모여 살았으며 상업과 교역 그리고 전쟁이 활발했기 때문이다.

유럽이 천연두의 만성적인 발생지가 되면서 15세기 이후 대항해 시대에 이은 유럽의 식민지 개척은 구세계와 연결되지 않고 독립적으로 살아가던 신세계에까지 천연두를 전파시키는 데 독보적인 역할을 했다. 1507년 스페인 사람들에 의해 천연두 바이러스가 카리브 해에 퍼지면서 처음 신세계에 천연두가 발생했고 이후 아메리카 대륙으로 퍼져 나갔다. 특히 아프리카에서 쿠바로 징용된 노예를 이송했을 때 노예를 통해 천연두 바이러스도 함께 들어왔다.

이로부터 약 한 세기 이후에는 북아메리카에도 유럽인이 가져온 천연두 바이러스가 창궐했다. 심지어 일부 유럽인들은 천연두 환자가 사용한 담요를 통해서 천연두가 옮겨질 수 있다는 것을 이용해 식민 지배를 거부하는 북아메리카 원주민에게 일부러 환자가 사용한 담요를 선물해 의도적으로 천연두를 퍼트리기도 했다. 이후 천연두는 18세기에 오스트레일리아까지 퍼졌고 선박에 싣는 짐이나 우편물, 선원과 승객들로 인해 19세기에는 전 세계에 퍼지게 되었다.

천연두의 위력은 흑사병에 비하면 오히려 약소한 편이었다. 흑사병은 대개 처음에는 임파선에 고름이 차는 농양으로 시작해서 패혈증이 되거나 폐로 가서 폐렴을 일으키게 되는데, 폐렴까지 가면 대부분 사망하게 될 뿐만 아니라 사람과 사람 사이에 직접 흑사병을 전염시키게 된다. 서기 541년에 에티오피아 혹은 중앙아시아에서 시작된 흑사병은 교역로를 따라 사람과 같이 이동하던 쥐를 통해 로마 제국뿐 아니라 아프리카와 페르시아, 서유럽에 이르기까지 급속도로 퍼져 나갔다. 이후 13세기에 다시 찾아온 흑사병은 거의 3백 년간 사라지지 않고 지역을 옮겨 다니면서 각 지역을 초토화시켰다. 바야흐로 본격적인 '전염병의 시대'에 들어선 것이다. 흑사병은 지나는 곳마다 엄청난 사망자가 속출해 교역은 마비되고 세금 회수가 어려워져 경제적으로 큰 타격을 입었다. 군대의 유지마저 힘들어지며 사회질서는 붕괴되고 정치적인 혼란이 가중되었다.

흑사병의 원인이나 치료법을 알지 못했던 당시 사람들은 흑사병이 죄와 부도덕함에 대한 신의 천벌이거나 시체나 환자에게서 나오는 독기 때문에 발생한다고 생각했고, 의사는 절제된 활동이나 금욕 등의 권고 이상의 활동을 하지 못했다. 심지어는 유대인이 독을 퍼트렸다는 소문에 많은 유대인이 희생되기도 했다.

그러나 그 어떠한 방법으로도 흑사병에 적절히 대처할 수 없던 사람들은 결국 분노와 좌절을 경험하게 되었고 이는 종교적, 정치적 권위에 대한 부정으로 나타났다. 흑사병 때문에 유럽의 인구가 격감하자 농사를 지을 인력이 부족해지고 농업 생산성도 떨어지면서 식량 공급도 원활하지 않게 되었다. 이후에도 흑사병은 1855년 중국에서 다시 나타나 무역로를 타고 인도, 오스트레일리아, 아프리카 등 세계 각지로 퍼져 나갔지만, 과거 두 차례 대규모로 흑사병이 유행할 때의 독력과 사망률은 나타나지 않았다. 병원균도 독력을 줄이는 방향으로 자연선택이 일어났던 것이다.

전염병은 왜 퍼지는가?

유럽의 제국주의 정책으로 인하여 신세계로의 무역이 증가하고, 이 통로를 따라 전염병이 퍼져 나갔다. 무역은 주로 해양로를 따라 이루어졌으나, 19세기에 들어서자 철도를 이용한 상업 교류가 급속히 팽창하였다. 급속한 도시화가 초래한 여러 가지 진통을 겪으면서도 우후죽순으로 생겨났던 도시는, 인구 밀집과 열악한 주거 환경 그리고 비위생적인 물 공급으로 인하여 전염병의 확산 조건이 되었다.

이러한 전염병은 유럽의 세력이 확장되면서 함께 확대되었다. 천연두, 홍역, 유행성 이하선염, 수두, 성홍열과 같은 감염은 이러한 질병을 접해본 적 없던 지역의 사람들에게 엄청난 영향을 미쳤다.

콜레라 역시 상업적 교류와 인구 이동에 깊은 연관성을 가진다. 콜레라는 종종 사람이 많이 모이는 시장과 박람회를 통해 퍼졌고, 한번 시작되면 급속도로 확산되었다. 19세기에 들어서며 보다 빈번해진 상업 교류와 전쟁은 콜레라 확산에 큰 역할을 하였다. 콜레라는 일련의 파도처럼 전 세계로 퍼져 나갔는데 1817년 인도에서 시작되어 러시아와 중국, 한국, 일본을 거쳐, 동남아시아의 일부, 마다가스카르, 동아프리카 해안에 이르기까지 거침없이 확산되었다. 인도와 아시아 대륙의 사망자는 1,500만 명을 넘어섰고, 비슷한 시기 러시아 사망자는 200만 명을 넘어섰다. 이후 다섯 차례의 대유행을 더 거치면서 콜레라는 전염병의 공포를 사람들에게 각인시키고도 남았다.

교류와 이동에 따른 전염병의 확산뿐 아니라 더러운 거주지 환경에서 기인한 전염병 또한 국가 차원에서 굉장한 문제였다. 영국에서 열악한 거주지와 공장은 도시로 유입된 노동자들에게 비참한 생활을 하게 했을 뿐 아니라, 수많은 인구를 죽음으로 몰아넣는 전염병 발생의 온상지가 되었다. 이들은 도시 속에서 그때까지 볼 수 없던 새로운 질병을 겪게 되었다. 대표적으로 과거에 경험하지 못하였던 발진티푸스epidemic typhus라는 병이 확산되었고, 환기와 배수, 청결 상태에 대한 열악함이 이 질병에 직접적으로 기인하는 것으로 보고되었다. 영국의 의사들은 특히 배수시설이 없는 줍고 통풍이 안 되는 골목에서 주로 열을 발생시켜 발병한다고 주장했다.

런던의 습하고 더러운 지역에서 이 병은 엄청난 맹위를 떨쳤다. 사람들은 병원으로 실려 갔지만, 와인과 코냑, 암모니아 및 기타 각성제라는 특이한 방식의 약들이 처방되었고, 그 결과 치료의 효과를 보지 못한 채 환자의 절반이 사망했다. 이 열병은 맨체스터에서도 발견되었으며, 스코틀랜드에서 극성을 부렸다. 예를 들어 스코틀랜드 전체 빈곤층 인구의 6분의 1이 이 열병에 걸렸고, 지역을 옮겨 다니며 넓게 퍼져 나갔다. 한편 이 질병은 중산층과 상류층에는 큰 영향을 미치지 못하였는데, 아마도 주거환경이 질병의 전파에 결정적인 역할을 하였을 것이다.

　무절제한 음주도 노동자들의 건강에 악영향을 미쳤다. 열악한 생활환경과 삶의 불확실성 등은 정신적 인내력으로 버틸 수 있는 것이 아니었으므로 이들은 무절제한 음주에 빠졌고 도덕적으로도 해이해졌다. 이러한 환경 속에서는 여러 가지 질병이 생길 수밖에 없다. 문제는 이들에게 진료를 받을 만한 돈이 없었다는 것이다. 더욱이 돈이 있어도 당시의 의료 수준에서는 제대로 된 치료법이 있을 리 만무했다.

　다행히 19세기 이후에는 사망률이 감소하기 시작했다. 아직은 항생제와 같은 효과적인 치료 방법이 개발되기 전이었기 때문에, 생활환경의 개선이 사망률 감소에 크게 기여하였다. 발진티푸스는 생활수준이 향상되고, 사회 체계가 안정화되면서 점차 줄어들었고, 콜레라는 효과적인 하수처리와 식품 보호와 같은 위생 조치, 그리고 먹는 물의 공급 체계를 개선한 덕분에 점차 치명률이 감소하였다.

산업혁명,
전염병의 전성시대

산업혁명, 질병의 생산 시대

산업화는 오늘날 잘사는 나라들이 빈곤에서 벗어날 수 있었던 과정이며, 아직도 가난하거나 개발이 되지 못한 나라에게는 선망의 대상이 되는 경제적 발전 과정이다. 산업화 과정을 거치면서 사람의 노동에 의존했던 생산 방식이 화석연료를 이용하여 에너지를 얻는, 기계에 의존한 생산 방식으로 바뀌면서 생산량이 이전과는 비교가 안 될 정도로 증가했다. 생산력의 발전은 수렵채집에서 농경 사회로 바뀌면서도 지속적으로 이루어졌으나 산업화는 이러한 발전 과정이 급속하게 일어나면서 혁명적 변화가 진행된 것을 말한다. 화석연료의 사용과 기계화는 생산력의 획기적 증대만 가져온 것이 아니라 노동, 교역, 통신, 주거 등에도 큰 영향을 미쳤고 궁극적으로는 사회적, 문화적, 정치적 변화까지 초래하였다.

인류가 겪은 질병의 역사를 돌이켜보면 '질병의 유행'이나 '기근'과 같은 크고 작은 사건들이 있었지만 산업혁명 이후의 질병 양상과 수명 변화에 견줄 만한 사건은 없었다. 수렵채집의 오랜 역사 그리고 산업혁명 전까지 대개 인류의 수명은 40세를 넘기는 경우가 드물었고 평균적으로도 25~30세를 유지하는 등 오랜 기간 수명의 변화는 거의 없었다. 그러나 18세기부터 시작된 산업화를 통해 선진국을 중심으로 현재의 경제력을 확보하기 시작하면서 풍부한 영양 섭취와 의료 기술의 발달로 말미암아 수명이 크게 늘어났다. 다시 말해, 사망률 감소가 평균 수명 및 인구의 증가를 가져온 주된 이유라고 할 수 있으며 사망률이 줄어든 것은 산업화 덕분이라고 할 수 있다.

특히 인구 변천의 이론적 단계를 살펴보면, 산업화와 경제 발전으로 생활수준이 높아지고 전염병과 기근이 줄어들며 의료 기술이 발전하고 환경 위생이 개선되면서 사망률이 급격하게 감소하는 첫 번째 단계를 거친다. 이어서 인구가 빠른 속도로 증가하는 두 번째 단계를 거치고, 마지막으로 자녀의 높은 생존율을 기대할 수 있는 환경을 맞이하면서 이러한 환경에 적응하기 위해 출산율을 낮추는 단계로 변화하게 된다. 그리고 이 세 번째 단계에서는 질환의 양상이 바뀌어서 급성질환, 특히 전염성질환에서 만성질환이 주된 질병으로 자리 잡는다.

생활환경의 개선과 평균 수명의 증가를 보면 산업화가 사람들의 건강에 크게 기여했다고 유추할 수 있다. 그러나 조금 더 면밀히 살피면 산업화가 시작된 시기와 사망률이 감소되고 수명이 늘어난 시기는 상당한 괴리가 나타난다는 것을 알 수 있다. 특히 산업화가 급속도로 진행되었던 때에는 수명이 오히려 줄어들거나 기껏해야 정체되어 있었다. 따라서 산업화가 곧 생활수준 향상과 직결되느냐의 문제에는 상당 부분 회의적인 시각이 따른다. 산업혁명은 생활환경에 많은 변화를 가져왔고 이를 통해 건강에 이득을 보는 사람도 분명 존재하였지만, 한편에서는 이러한 변화가 질병의 위험 요인을 변화시키거나 새로운 위험에 노출되게 함으로써 건강에 악영향을 주기도 했던 것이다. 특히 공장 노동을 위해 도시로 이주해 온 노동자와 그 가족에게는 생활환경의 악화를 초래하였다.

실제 건강에 이득을 본 사람은 변화에 직접 참여하지 않으면서 생활수준 향상이라는 혜택을 누릴 수 있었던 귀족이나 일부 자본가 계급 등 소수의 상류 계층에 불과하고, 노동자와 농민을 중심으로 한 대부분의 생산 활동 종사자는 혁명적 변화의 파괴성에 의해 오히려 생활 기반이 불안정해졌다. 이렇게 열악해진 생활환경은 그들의 건강에 적신호를 주었는데, 특히 제대로 된 보호를 받지 못하는 어린이와 사회적 약자 계층이 산업화 과정에 의한 건강 피해를 가장 많이 받았다.

한편 생산력의 변화는 도시로의 인구 집중 현상을 초래했고 사람들이 도시에 밀집해 살게 되면서 생활환경의 위생은 더욱 떨어지고 전염성질환이 유행할 수 있는 여건이 조성되었다. 특히 도시화가 빠르게 진행되는 지역은 교역의 중심지였기 때문에 이들 지역에서는 종종 전염병이 크게 유행했다. 교역은 기본적으로 서로 다른 자원과 생산품을 교환함으로써 이익을 추구하는 것이고, 그만큼 서로 다른 지역에서 온 사람들끼리의 교류가 잦았기 때문에 새로운 전염병을 전파하는 허브hub가 되기도 했던 것이다.

산업혁명, 온갖 질병의 무대가 되다

기계의 발전은 생산 방식을 과거 수공업 노동에서 대규모 기계 생산 방식으로 전환시켰고 공장이라는 노동 장소와 노동자를 창출했다. 생산성은 과거와 비교도 되지 않을 만큼 크게 발전했으며, 대량생산 덕분에 여러 가지 물품이 저렴한 가격으로 공급되었다. 한편 공장이 도시를 중심으로 설립되고 공장에서 일하기 위한 도시이주민이 늘어나면서 도시는 점점 규모가 확장되었다. 도시가 생필품을 값싸게 공급할 수 있는 기반을 갖춰가고 도시로의 인구 유입이 늘면서 도시는 빠르게 커졌지만, 늘어나는 인구를 수용할 기반시설은 이 변화의 흐름을 쫓아가지 못했다.

도시화는 곧 열악한 거주지, 대기 및 수질 오염, 하수처리 시설의 미비, 열악한 위생 상태의 문제를 가져왔고 이는 도시 인구의 사망률을 높이는 근거가 되었다. 특히 도시 빈민층이었던 공장 근로자의 생활은 열악했다. 안전이나 보건에 대한 관심과 대책이 제대로 갖춰지지 않은 상태에서 밤낮없이 일을 해야 했고 심지어는 어린이도 노동에 참여해야 했다. 생활하수와 공장폐수는 강물로 흘러 들어갔고 이는 곧 식수의 오염을 초래했다. 식수와 화장실을 공동으로 이용하는 경우, 위생 상태는 이루 말할 수 없이 나빠진다. 그리고 이 같은 열악한 위생환경은 질병의 온상지가 된다. 게다가 도시 노동자의 나쁜 영양 상태는 열악한 위생환경과 더불어 호흡기질환과 위장질환의 유행을 가져왔다.

도시 하층민과 노동자 계급에서는 결핵과 콜레라, 장티푸스와 같이 불결한 환경에서 발생하는 질환이 만연하게 되었다. 도시는 과밀한 인구에 맞는 깨끗한 물을 공급할 수 없었고, 하수 및 쓰레기 처리의 감당조차 어려웠다. 하수처리가 제대로 되지 않으면 하수물이 식수로 사용되던 우물을 오염시키게 되고, 오염된 우물로 인하여 콜레라와 같은 질병은 창궐한다. 이러한 전염병이 도시를 휩쓸고 지나가면 수천 명씩 목숨을 잃었는데 1848년 9월부터 일 년간 런던에서만 1만 명 이상이 콜레라로 목숨을 잃었다. 1855년 존 스노우John Snow가 런던의 브로드웨이에 있는 우물이 오염되어 콜레라가 발생했다는 것을 밝힐 때까지 콜레라의 원인이 '식수 오염'이라는 것을 아무도 몰랐다. 이 역시도 1864년 루이 파스퇴르

Louis Pasteur가 세균이 전염병의 원인이 된다는 것을 밝히기 전의 일이다.

또한 천연두는 에드워드 제너Edward Jenner의 백신 개발 덕분에 잠시 사망자가 감소했다가 산업화된 도시에서 또다시 대규모로 유행하게 되었는데 역시 이유는 단순했다. 농촌에서 도시로 모여든 사람들이 예방접종을 실시하지 못한 채 밀집해서 생활하다 보니 천연두가 기승을 부리기 시작한 것이다. 주로 폐병을 낳는 이 균은 영양 상태 불균형과 더럽고 습한 주거환경에 노출된 사람에게 침투했는데, 도시 하층민이 그 알맞은 대상자였던 것이다.

또한 기계를 돌리기 위해 석탄을 원료로 사용하면서 공장의 굴뚝은 끊임없이 산업화의 상징과도 같은 새까만 연기를 배출했다. 결국 도시는 공장에서 배출되는 매연으로 뒤덮이게 되고, 뒤덮인 먼지가 해를 가려 한낮에도 거리에 불을 밝혀야 할 정도였다.

산업화 과정으로 양산된 공장 노동자들은 인류가 단 한 번도 경험하지 못했던 새로운 화학물질에 아무런 보호 없이 노출되었다. 1775년 영국의 의사였던 퍼시벌 포트Percival Pott는 굴뚝 청소를 하는 어린 노동자에게서 음낭암이 많이 발생한다는 것을 보고했는데 이는 당시 노동환경에 대한 상징적인 사건이다. 산업혁명 당시 노동에는 연령 제한이 없어서 지금 같으면 학교를 다녔을 어린이가 몸집이 작다는 이유만으로 굴뚝에 들어가 검댕을 제거하는 일을 한 것이다. 검댕은 화석연료를 태우면서 남은 화학물질 덩어

리로, 그 속에는 발암물질이 상당히 들어 있다. 몸을 보호할 작업복도 갖추지 못한 채 굴뚝청소를 하던 어린아이들의 약한 피부로 덮인 음낭에 암이 발생하게 된 것이다. 이처럼 산업화 초기의 열악한 작업 조건은 수많은 직업병을 발생시켰고 거의 한 세기가 지나서야 작업 조건 개선과 직업병 감소를 위한 노력이 시작되었다.

산업화가 궁극적으로는 경제적 발전을 이루고, 물질적 풍요 사회로 가는 데 반드시 필요한 과정이라 하더라도 산업화 자체가 건강에 좋은 영향을 미쳤다고는 볼 수 없다. 다만 산업혁명 초기를 넘어선 19세기 후반에서 20세기 초에 있었던 과학기술의 발전이 생활환경 개선과 함께 건강 수준 향상에 많은 기여를 했다는 것에는 의심의 여지가 없다. 이때 건강 수준 향상을 주도하였던 것은 항생제의 발명, 수술 요법의 향상 등 치료 기술의 발전이 아니었다. 예를 들어, 감염성질환의 공포를 줄이는 데 기여한 최초의 항생제인 페니실린이 알렉산더 플레밍Alexander Fleming에 의해 발견된 것은 1928년이었고, 치료에 사용되기 시작된 것은 1940년대로 본격적으로 건강 수준의 향상이 나타난 이후의 일이다. 즉, 치료 기술의 발전이 건강을 증진시키는 데 도움이 되었다는 것은 사실이지만, 보다 주요한 역할을 한 것은 건강한 음식 섭취, 주거환경 개선과 음용수의 공급, 하수처리의 개선이었다.

건강을 위한 도시 개혁

산업혁명 초기에 일자리를 찾는 노동자들은 위생 시설도 제대로 갖추지 못한 도시로 몰려들게 되었다. 1801~1841년 사이 런던의 인구는 95만 8천 명에서 194만 8천 명으로 증가했고, 1801~1831년 사이 리즈의 인구는 5만 3천 명에서 12만 3천 명으로 증가했다. 이러한 수치는 당시 도시 인구의 급격한 증가가 이용가능한 거주지의 증가를 앞선다는 것을 의미하며, 이는 도시 내 인구가 포화 상태에 있었다는 것을 말해준다. 집 주변 골목은 거주자의 쓰레기 폐기 장소로 사용되고, 시궁창이 없는 골목이 없었다.

따라서 도시로 모여드는 인구는 올바른 돌봄을 받을 수 없었고 이는 바로 사망률에 반영되었다. 1831~1844년 사이 영국 브리스톨의 사망률은 1천 명 당 16.9~31명, 리버풀은 21~34.8명, 맨체스터는 30.2~33.8명이었다. 사망률의 증가에도 불구하고 도시행정가들은 위생 설비의 수지를 따져가며 설비에 무관심한 태도를 취했다. 그들은 만성적인 도시 문제가 해결되지 않고 쌓여간 뒤에야 건강 보호를 위한 위생적 환경 조성 문제를 관심사로 가져왔다. 즉, 번영과 복지는 인구 성장으로 나타나는데 비현실적인 사망률 증가로 인하여 주민의 건강 보호를 위한 수단을 고민하기 시작한 것이다.

그것은 한 공무원으로부터 비롯되었다. 에드윈 채드윅은 공리주의 사상가였던 제러미 벤담Jeremy Bentham의 개인 비서였으며, 사회 개혁에 관심을 가졌던 재능 있는 공무원이었다. 채드윅이 위원장으로 있던 보건 도시 위원회는 표준 주거 조건, 하수 시스템, 위생 규정, 적절한 공공 용수 공급과 같은 공중보건 조치를 곧바로 실행했다. 그는 처음부터 공중보건에 관한 문제를 도시 계획의 이슈와 연결되어 있다고 본 것이다.

채드윅의 제자인 벤자민 리처드슨Benjamin Richardson은 《위생 도시 하이게이아Hygeia: A City of Health》라는 제목의 이상적인 건강 도시의 비전을 책으로 출판하였다. 그는 더 이상 질병이 발을 붙이지 못하거나 병이 발생한다 하더라도 일시적이어서 영향을 받지 않는 도시를 만들고 싶었던 것이다.[11] 리처드슨은 약 18미터(60피트)를 넘지 않는 높이의 건물이 약 4,047제곱미터(1에이커)당 다섯 채의 밀도로 들어선 10만 명의 이상적인 건강도시의 청사진을 보여주었다. 이 도시에는 "철도가 주요 도로 아래로 운행되는 지하철 시스템이 있다. 옆길에는 나무가 늘어서 있고, 곳곳에 공원과 정원이 있으며 거리 배수는 하수구를 통해 이루어진다. 집은 환기가 잘되고 벽돌로 지어져 있으며 연기가 나지 않고 지붕 정원, 쓰레기장, 그리고 배수관과 하수구가 잘 갖추어져 있다. 도시에서는

---

11 Benjamin Ward Richardson(1876), 《Hygeia, a city of health》, Royal College of Physicians of London.

아무도 담배를 피우거나 술을 마시지 않으며, 병에 걸린 사람들이 이용하는 종합병원이 있다. 고아, 정신 장애자, 무기력한 사람, 노인들은 공동 주택에 거주하며 돌봄을 받는다".12

이러한 상상이 아니라 실제적으로 초기 도시 문제 해결을 위한 방편으로 이루어진 것이 1848년 영국의 공중위생법이었다. 그리고 20세기에 들어서는 주택 및 도시 계획 등에 관한 법이 만들어졌다. 이 법은 다닥다닥 붙어있는 고밀도 주택의 문제점을 해결하고자 만든 법안으로, 환경 개선 차원을 넘어 도시 계획이라는 개념의 최초 법안이었다. 공동주택의 문제점에서 시작해 결핵이나 폐렴과 같은 질병과 공기질 등의 다양한 문제를 주거지 개선을 통해 해결하려 한 것이다. 나아가 주변 환경 개선 차원의 노력이 같이 이루어졌다. 공원이나 야외 휴식 공간 같은 소위 "숨 돌릴 수 있는 공간breathing spaces"을 만들어서 생활환경을 개선하기 위해 노력하기 시작한 것이다.13

12　Trevor Hancock(1997), "Healthy Cities and Communities: Past, Present, and Future", 〈National Civic Review〉, 8(1): 11~21.

13　Jason Corburn(2007), "Reconnecting with Our Roots", 〈Urban Affairs Review〉, 42(5): 688~713.

위생도시의 필요성

유럽지역에서는 사회가 건강에 미치는 영향에 대한 연구가 본격적으로 이루어졌고, 그중에서 가장 활발하게 활동했던 루돌프 피르호를 중심으로 한 연구자들은 공중보건을 위한 계획의 원칙을 정리했다. 첫 번째 원칙은 사회는 주민의 건강을 보호하고 보장해야 할 의무가 있기 때문에 사람들의 건강이 우선적인 사회적 고려대상이라는 것이다. 두 번째 원칙은 사회경제적 조건이 건강과 질병에 중요한 영향을 미치기 때문에 이러한 관계를 과학적으로 조사하여 적절할 조치를 취할 수 있게끔 해야 한다는 것이다. 그리고 세 번째 원칙은 건강을 증진시키고 질병에 대처하기 위해 취해지는 조치는 의학적일 뿐만 아니라 사회적인 조치여야 한다는 것이다.[14]

근대화가 한창이던 미국에서도 비슷한 분위기가 이어졌다. 1858년에 뉴욕 주 상원 위원회에 제출된 보고서에는 뉴욕에서의 높은 사망률의 원인을 "임대 주택의 혼잡한 상태, 적절한 주택에 대한 기준 결여, 빛과 환기의 부족, 불량 식품과 음료 섭취, 불충분한 하수, 그리고 청결의 부족"이라고 결론지었다.[15] 도시 한 편을 차지하고 있는 어둡고 더러운 빈민가는 폭력, 범죄, 그리고 "해이

---

14 George Rosen(1958), 《A History of Public Health》, Johns Hopkins University Press.

15 George Rosen, op. cit.

한 도덕과 나쁜 습관, 무절제하고 게으름"을 초래하게 만드는 사회적 경로라고 비난을 받았다. 미국의 불량한 도시환경은 단지 가난한 사람의 문제만이 아니라, 모든 사람의 이익과 관련된 문제라는 공리주의적 인식이 확산되었다. 불량 주택은 병든 노동자를 의미하고, 병든 노동자는 낮은 수익률, 높은 구호 지출, 그리고 높은 세금을 지칭했기 때문이다. 불량한 도시환경을 개선해야 사회적 비용이 적게 들고 모두에게 이익이 된다는 생각이 기저에 깔려 있었다.16

20세기가 시작되면서 미국에는 도시의 물리적 환경을 개선하려는 시도들이 본격적으로 나타났다. 프레드릭 옴스테드 2세 Frederick Law Olmsted II가 이끌었던 이 운동은 나무가 우거진 공원으로 연결된 도시 공간을 구축하려는 야심찬 생각을 기반하였다. 또 다른 흐름은 아름다운 도시를 만들고자 했던 시민 예술적 접근으로 1893년 시카고 세계 박람회를 통해 대중화되었다. 백색 도시White City를 기치로 한 이러한 흐름은 클래식 건축물과 훌륭한 공공건물의 앙상블, 그리고 가로수길의 디자인 등 아름다움과 함께 시민의 자존심을 표현하려는 움직임이었다.17

---

16 Jason Corburn, ibid.
17 Jon A. Peterson(2009), "The Birth of Organized City Planning in the United States", 〈Journal of the American Planning Association〉, 75: 123~133.

한편 도시환경을 개선하는 방향에 있어서 옴스테드 2세가 주도한 움직임과 다른 입장을 취하였던 벤자민 마쉬Benjamin C. Marsh는 건강하게 일할 권리, 질병 없이 살 권리 등의 중요성을 이야기하면서 도시환경은 건강을 중심으로 개선되어야 한다고 주장했다.18 마쉬는 도시 계획을 할 때 예술적으로 즐겁고 효율적인 도시로 디자인해야 할 뿐 아니라, 도시 거주자들의 건강을 향상시키는지 판단해야 한다고 주장했다.19 이와 같이 당시 산업의 중심지였던 영국과 미국에서는 노동자들의 건강에 대한 중요성이 대두되며 위생도시를 계획하는 단계로 발전하였고 나아가 본격적인 도시 계획들로 이어졌다.

---

18 Mel Scott(1969), 《American City Planning Since 1890》, University of California Press.

19 Benjamin C. Marsh(1909), 《An Introduction to City Planning》, Ayer Company Publishers.

도시,
새로운 질병을
가져오다

기후 변화가 불러온 신종 바이러스

기후 변화는 인간의 건강과 안녕에 영향을 미치는 중요한 요인 중 하나다. 기후 변화로 인한 재해 관련 질병 및 사망, 기아로 인한 질환, 말라리아의 지역적인 분포 변화와 감염 증가, 대기오염 악화로 인한 질병 및 사망 등이 늘어나면서 사람들의 건강은 큰 위협을 받을 것이다. 또한 수온의 상승으로 콜레라가 증가할 것이며, 바이러스에 의한 전염병 및 질환이 증가하고 재해로 인한 피난민의 증가와 이로 인한 건강상의 문제가 본격적으로 생길 것으로 예측된다.

수렵채집에 전적으로 의존했던 생활 방식에서 농경 사회로의 전환, 그리고 또 산업혁명을 거친 현대 사회는 그야말로 식생활 및 영양 섭취 측면에서 단기간에 이루어진 획기적인 변화였다. 문명화가 진행된 지난 1만 년 정도의 역사에서 나타난 대부분의 전염병은 문명화 이전의 시기에는 없었던 질환이다. 전염병이든 비전염성질환이든 문명화 이후부터 현재까지 우리가 겪어왔고 또 겪고 있는 질환의 대부분은 온난화와 함께 촉진된 농경과 그 이후 문명의 발전에 따라 나타난 것이다. 이렇듯 산업화와 더불어 기후 변화는 우리가 아는 대부분의 질환 발생의 시작이었다고 할 수 있다.

오늘날 우리가 기후 변화에 많은 관심을 갖는 이유는 자연적인 변화 외에 인간이 초래한 변화가 지구 온난화를 가속화시킨다는 문제 때문이다. 지구 온난화는 특히 화석연료의 사용으로 대기 중에 이산화탄소가 다량으로 방출되면서 대기열이 밖으로 빠져나가지 못하게 가두는 온실효과가 주 원인으로 알려져 있다. 이산화탄소 배출은 산업혁명이 시작된 때보다 30퍼센트 이상 증가했고 지금도 계속해서 늘어나고 있기 때문에 현재의 상태가 지속된다면 대기 중의 이산화탄소는 금세기 안에 회복하기 어려운 수준의 기후 변화를 초래할 것으로 예측되고 있다.

현재 진행되고 있는 기후 변화는 특별한 조치가 없을 시 21세기 말까지 지구 대기의 평균 기온을 최고 6.4도까지 상승시킬 것으로 보인다. 이러한 평균 기온 상승은 문명이 발전한 이후 지난 1만 년 간 겪은 그 어떤 변화보다도 클 것이고 문명의 기반을 뒤흔드는 변화일 수 있다. 인류는 1만 2천 년 전, 온난한 기후 변화로 문명의 초석을 다질 수 있었지만, 이제는 인류가 '세운' 그 문명이 오히려 전례 없는 온난화를 가져오면서 인류 역사상 전무후무한 위협을 맞이하고 있는 것이다. 당연하게도 이는 인류가 적응해 온 기후환경의 상당한 변화를 의미하기 때문에 인체의 부적응 상태를 만들어 낸다. 즉, 기후과 기온의 변화는 바이러스 전염병과 같은 감염성질환뿐 아니라 만성질환 또한 증가시킬 것이다.

기후 변화는 질병을 어떻게 좌지우지할까

대기로 방출된 이산화탄소는 열에너지를 기체 가스 안에 품기 때문에 기온을 상승시키게 되는데 이 과정을 통해 대기에 쌓이는 열에너지는 상상을 초월한다. 이산화탄소가 증가하면서 늘어난 열에너지는 기온을 높일 뿐만 아니라 공기 흐름의 변화도 가속화시켜서 허리케인이나 사이클론, 또는 태풍과 같은 자연재해를 초래한다. 또한 빙하 감소, 홍수, 가뭄 및 사막화, 해수면 상승 등을 일으키고 이로 인해 전 지구적으로 자연 생태계의 변화를 급격하게 발생시킬 수 있다. 일반적으로 급속한 기온 상승은 단순히 날씨를 덥게만 하는 것이 아니라 기후의 변이성을 크게 한다. 이는 불안정한 날씨를 초래하게 되고 집중호우 및 태풍을 빈번하게 가져와 사람들의 안전과 건강을 심각하게 위협한다.

기후 변화는 자연재해만을 초래하는 것이 아니다. 이는 홍수 및 가뭄 등의 자연재해를 통해 인류의 사망률을 증가시키는 것 외에도 폭염에 의한 사망 또는 감염성질환의 증가 현상도 가져온다. 많은 수의 감염성질환이 파리와 모기같이 병원균을 옮기는 곤충 매개체에 의해 전파되는데 이러한 곤충들은 기온과 강우량 같은 기후 인자에 많은 영향을 받는다. 따라서 기후 변화는 곤충 매개 질환의 발생 변화를 초래할 것임을 쉽게 예측할 수 있다. 특히 말라리아, 뎅기열 같은 질병은 상당 부분이 기후 변화에 따라 좌지우지될 것이다.

이러한 질병의 유행 지역과 가까이 있는 지역은 점점 더 큰 영향을 받게 될 것이다. 질병 매개곤충은 현재의 질병 유행 지역에서 인근 지역으로 퍼져 나가기 때문이다. 곤충 매개 질환 외에도 기후 변화에 동반되어 태풍과 홍수 등의 자연재해가 늘어나면서 콜레라나 이질 등과 같은 수인성 전염병도 더불어 증가될 것으로 보인다. 특히 전염병에 대한 대응력이 부족한 지역이나 국가에서는 그 영향이 막대할 수밖에 없다.

기후 변화와 관련이 있는 엘니뇨 현상El Niño도 작물 생산에 심각한 영향을 준다. 엘니뇨 현상은 일반적으로 동쪽에서 서쪽으로 흐르는 태평양 적도 부근의 해류와 공기가 서쪽에서 동쪽으로 흐르면서 페루 등 남아메리카의 서쪽 해안 수온을 3~4도 상승시킴으로써 강수량이 비정상적으로 늘어나는 현상을 말한다. 이러한 현상은 지구 온난화에 따른 기상 변이의 증가와 관련된다. 또한 앞으로 그 강도와 빈도는 점차 커질 것으로 예측된다. 엘니뇨 현상은 대개 5년을 주기로 나타나는데 1877~1878년에 역사적으로 가장 많은 영향을 주었던 사건이 발생했다. 이 기간 동안 황열이 미국 남부를 휩쓸어 테네시 주의 멤피스 시에서만 2만 명이 사망했다.

엘니뇨 현상은 지금도 주기적으로 지역적 가뭄과 홍수를 초래해 오스트레일리아와 동남아에서의 대형 산불과 남아메리카와 아프리카에서의 콜레라 유행을 가져오고 있다.

기후 변화에 의한 공중보건학적 영향은 단순히 온도 변화에 의한 영향으로 이해하기보다는 더 넓은 환경적인 문제, 즉 깨끗한 식수와 위생, 기아와 영양실조, 콜레라 등과 같은 전염병 등의 관련성을 함께 고려해야 한다. 어쩌면 이러한 가시적인 영향 외에도 과거 기후 변화가 문명화를 촉진하고 이로 인해 우리가 알고 있는 대부분의 질병을 발생시켰듯이, 지금의 기후 변화는 현재 우리가 예측할 수 없는 새로운 질환을 야기할 수도 있다. 예를 들어, 신종 바이러스 전염병이 주기적으로 대유행을 일으키는 현상이나 아직까지 사람에게 직접적인 질병을 일으키지는 않았으나 닭, 오리, 또는 돼지 등과 같은 가축에서 바이러스 전염병이 자주 발생하는 현상 또한 기후 변화와 관련되었을 가능성이 높다.

인간의 존재 기반을 흔드는 변화들

현인류는 두 번이나 빙하기를 겪으면서 빙하기와 간빙기 사이에 상당한 기온 변화를 경험했다. 또한 인류는 지구환경이 초래하는 기후 변화뿐 아니라 세계 각지로 이동하면서 지역 차이로 인한 극단적 기온 변화도 경험했다. 따라서 오늘날의 기후 변화는 새로운 환경의 도전이라기보다는 오래된 환경적 도전이 재등장한 것이라고 볼 수 있다.

그러나 과거의 경험이 현재의 적응을 쉽게 하는 것은 아니다. 적응이란 특정 상태가 지속될 때 그 환경에 적합한 개체가 살아남는 현상이지만, 기후 변화는 빙하기와 간빙기의 교대적인 등장으로 어느 한 상태가 지속된 것이 아니기 때문이다. 아프리카에서 나와 각 지역으로 정착한 이후, 빙하기가 끝나고 간빙기의 더운 기후를 1만 년 이상 경험했던 것이 현인류의 '적응'이었다면 이제는 그 환경에서 더욱 더워지게 되는, 새로운 도전에 직면하게 되었다.

이러한 기후 변화는 생태계 내의 각종 생존에도 영향을 미치지만, 생태계의 다양성에도 심각한 영향을 준다. 다양성의 감소는 환경에 대한 적응력의 감소를 나타내며, 더불어 생태계 전체의 적응력 위기를 보여주기 때문이다.

기후가 일정하게 유지되면 유전자 변이에 의해 유전자의 다양성이 만들어지고 유전자 다양성은 종 다양성의 기초가 된다. 그러나 기후가 크게 변하게 되면, 예를 들어 기온이 너무 높아지거나 떨어지게 되면 이러한 급격한 변화에 적응할 수 있는 개체나 종만 살아남고 그렇지 못한 개체나 종은 생존의 기회를 박탈당한다. 높아지는 기온에 동식물이 적응하기 위해서는 현재의 서식지보다 더워진 기온 조건에서 생존할 수 있는 유전자를 가진 개체로 자연 선택되거나, 현재 서식지의 기온과 같은 조건을 가진 고위도 지역이나 고산 지대로 이동할 수 있어야 한다. 그러나 이 모든 과정을 성공적으로 따를 수 있는 개체나 종은 원래의 수보다 당연히 적을 수밖에 없고, 필연적으로 유전자와 종의 다양성은 줄게 된다.

그러나 아이러니하게도, 기후 변화에 의해 유전자 및 종의 다양성이 위협 받는 지역이 이러한 다양성이 풍부하게 존재하는 곳이라는 것이다. 예를 들어, 지중해 연안은 가장 다양한 곤충이 살고 있는 지역 중 하나인데, 기온 상승으로 여러 종의 곤충이 멸종 위기에 처해 있다.

사실 다양성의 감소는 곤충류에만 국한되는 것이 아니라 작물, 수목, 어류, 동물 등 생태계 전반에 나타나는 문제이며, 이는 인간의 건강에도 영향을 준다. 작물 생산에서 다양성이 감소하게 되면 인간은 특정 작물에 의존하게 되고, 만약 해당 작물이 질병이나 재해를 입으면 작물 생산은 급속히 줄어들 것이기 때문이다.

아마도 기후 변화에 의한 건강 위험은 다종다양하고 지구적인 규모로 일어나며 다시 돌이키기 어려운 비가역적 변화일 것이다. 인간의 생산 활동으로 인한 이산화탄소 등의 온난화 가스 증가는 자연적인 지구환경 변화를 뛰어넘었고, 지구 표면의 온도를 과거로 되돌릴 방법은 이미 지났다고 보는 것이 타당하다. 또한 인간의 생산 활동을 당장에 감소시켜 온난화 가스 배출을 줄이더라도 지표면의 기온 변화는 그 관성에 의해 상당 기간 지속될 것으로 보인다. 문제는 기후 변화가 지금과 같은 속도로 진행된다면 앞으로 어떤 일들이 벌어질지 확실하게 알 수 없다는 것이다. 기온의 상승이 인류가 경험한 범위를 초과했을 때, 지금까지 겪었던 역사를 바탕으로 미래를 예측하는 것은 어불성설이기 때문이다. 물론 우리는 과거를 통해 빙하기 이후 발생한 5~6도 정도의 기온 상승이 인류의 문명에 큰 영향을 주었다는 것을 알 수 있다. 불확실하긴 하지만 앞으로 기온이 이보다 더 증가한다면 질병자나 사망자 수의 평가가 무색할 만큼, 인류 문명에 대대적 전환이 일어날지도 모른다.

예측할 수 없는 새로운 질병이 '탄생'하고 있다. 이제는 광범위한 대책이 필요한 시점이다. 기후 변화와 같은 환경 문제가 발생하는 근본적 원인은 인간이 마치 지구환경과 동떨어져 살고 있으며, 문명을 위해 지구환경을 이용해야 한다고 여기기 때문이다. 그러나 사실 인간의 물리적, 화학적, 생물학적 기반이 바로 지구환경이다. 우리는 이 지구환경이 변하면 우리 존재의 기반이 흔들린다는 것을 깨닫지 못하고 있다. 무엇보다 인간의 건강과 안녕은 기술적인 진보만으로 확보되는 것이 아니라 지구환경의 보존과 보호가 함께 이루어질 수 있어야 한다.

질병에 대한 새로운 전략이 필요하다

우리가 가진 유전자의 대부분은 과거 인류의 조상이 살던 수렵채집 시기의 생활환경에 적응된 유전자라고 할 수 있다. 하지만 오늘날, 특히 도시 생활환경은 수렵채집 시기의 환경과는 큰 차이가 있다. 때문에 인류의 생활환경에 대한 유전자 적응성은 현저히 떨어져 있다고 볼 수 있다. 많은 유전자가 과거에는 정상이거나 생존에 도움이 되었지만, 이제는 질병을 일으키는 방향으로 바뀌게 된 것이다. 특히 2차 산업혁명을 거치면서 생활환경이 크게 변하였고 새로운 생활환경에 대한 유전자 부적응 현상은 최근 전염성질환과 만성질환을 기하급수적으로 증가시켰다.

질병의 상태를 벗어나기 위해서는 유전자를 포함한 인체 시스템이 조화롭고 균형 있게 적응할 수 있는 환경을 조성할 필요가 있다. 그러나 현인류의 생물학적 시스템에 잘 맞는 환경을 조성하는 일은 간단하지 않다. 우리가 역사적 발전을 거슬러 수렵채집 시기나 만성질환이 본격적으로 나타나지 않았던 초기 농경시대로 돌아갈 수 없고, 현대 사회에서 우리 조상의 생활환경을 그대로 재현하여 살 수 없기 때문이다.[20]

만성질환은 전염병과 다르다. 전염병은 특정 병원균에 노출되

---

[20] Yun-Chul Hong(2019), 《The Changing Era of Diseases》, Academic Press.

어 걸리는 질병이지만 만성질환은 병원균과 같이 어떤 하나의 분명한 원인이 있는 것이 아니고 원인 인자가 복합적이기 때문이다. 전염병은 특정 병원균에 대한 노출을 막으면 예방할 수 있는 질병이지만, 만성질환은 특정한 조치로 예방하기에 쉽지 않고, 생활습관 그리고 나아가 사회적 요인에 대한 종합적인 대책이 필요한 질병이다.

만성질환으로 고혈압, 당뇨병, 비만, 심장질환, 암 등이 있고 이들은 모두 생활환경과 인간의 유전자가 조화와 적응을 하지 못해 비롯된 병이라고 할 수 있다. 한 사회에서 전염병이 유행할 때 이러한 만성질환이 미치는 영향을 무시할 수 없다. 전염병 유행 시 사망에 이르는 대부분의 경우가 만성질환자나 면역 기능이 저하된 사람이기 때문이다.

대표적인 만성질환의 원인은 음식의 변화와 활동 부족이다. 수렵채집 시기 다양하게 먹었던 야채와 과일, 고기, 어류 등의 식습관에서 농업혁명과 산업혁명 이후 정제된 곡물과 동물성 지방이 많은 음식 위주의 식습관으로 바뀐 것이 만성질환 발생에 영향을 주었다고 할 수 있다. 또한 수렵채집 시기 사냥을 위해 끊임없이 움직였던 인류와는 달리 현대인은 그만큼의 신체 활동을 하지 않기 때문에 만성질환이 발생할 가능성이 더욱 높아졌다. 상당량의 신체 활동에 적응되어 있는 우리의 몸은 운동량이 충분치 못할 때 신체 기능이 제대로 작용하지 못해 만성질환을 유발할

수 있다.[21]

　이러한 생활습관의 변화뿐 아니라 삶 전반에 영향을 주는 사회적 요인에도 큰 변화를 나타냈다. 특히 집, 학교, 직장, 공원, 도심의 빌딩, 도로 등 오늘날의 도시환경은 수렵채집 시기와 비교해보면 전혀 다른 거주환경인 셈이다. 도로 교통량 증가로 인한 대기오염, 걸어 다닐 수 있는 보행환경의 부족, 휴식과 경관을 위한 녹지의 감소, 빌딩으로 인한 공기 흐름의 정체와 열섬 효과 등 도시환경은 그동안 건강에 대한 고려 없이 건설되고 확대되었다. 이러한 겉으로 보이는 환경뿐 아니라 집이나 학교 또는 직장, 즉 살아가고 배우고 일하는 장소도 생산성과 효율성이라는 현대 사회의 가치 척도에 부합하며 변화했다. 서로를 잘 아는 공동체 내에서 돌봐주거나 협업하였던 과거 수렵채집 시기로부터 산업혁명 이전까지의 공동체 생활과는 아주 다른 환경이 되어버린 것이다.

　결국 물질적으로 풍요로운 사회를 지향하면서 생산적이고 효율적인 사회적 관계를 만들어가는 데에는 성공하였지만, 친밀감을 바탕으로 한 공동체 문화는 사라져갔다. 사실 인류의 건강에 있어 풍요한 생활로 얻은 가치보다 친밀감의 상실로 잃은 가치가 더욱 클 수 있다. 이러한 친밀한 사회적 관계의 상실은 우울증으로 이어질 수 있고, 실제 오늘날 우울증은 크게 증가하고 있다. 세계보건

21　홍윤철(2017), 《질병의 종식》, 사이.

기구에 의하면 2030년에 우울증은 세계에서 질병 부담이 가장 큰 질환이 될 것으로 예측하고 있다. 상실감과 더불어 오늘날 도시민의 사회적 관계는 신뢰를 바탕으로 한 친밀한 인간관계에서 벗어나 잘 알지 못하는 낯선 인간관계, 때로는 전혀 모르는 관계망 속에서 이루어진다. 신뢰할 수 없는 관계, 알 수 없는 관계에서 인간은 이를 위협적 환경으로 인식하게 되고, 이는 존재의 안전함에 대한 끊임없는 의문을 양산하는 부정적 사고로 이어진다. 이러한 부정적 사고는 오늘날 만연한 우울증의 중요한 원인이다.

산업혁명 이후 석탄, 석유와 같은 화석연료의 사용은 여러 가지 화학물질을 자연환경에 방출해왔다. 이는 미세먼지나 공기 중의 화학물질로 남아 호흡을 통해 우리 몸에 독성작용을 일으킬 수 있고, 한편으로는 이산화탄소 등 기후 변화를 일으키는 요인이 되기도 한다. 예를 들어, 화석연료가 연소될 때 나오는 미세먼지는 호흡을 통해 폐에 들어온 이후 호흡기, 심혈관계, 신경정신계 등 인체의 다양한 장기에 손상을 준다. 즉, 천식이나 만성기관지염과 같은 호흡기 질환뿐 아니라 심근경색증이나 부정맥과 같은 심장질환, 그리고 우울증이나 알츠하이머병에 이르기까지 여러 가지 심각한 질환을 초래하거나 악화시킬 수 있다. 화석연료로부터 만들어진 화학물질이 인체에 들어오게 되면 원래 인체가 갖고 있던 호르몬과 같은 정상적인 신호 전달 시스템의 작용을 방해하거나 과장된 작용을 하게 함으로써 신체와 정신의 성장과 발달 혹은 성적인 성숙을 방해하거나 비만, 당뇨병과 같은 만성질환을 일으킬 수도 있다.

문제는 이렇게 현대의 도시환경, 그리고 화석연료의 사용으로 초래된 건강 문제는 질병에 대한 과거의 전략으로 풀기 어렵다는 것이다. 이러한 문제는 예방접종이나 치료약의 개발이 아니라 도시환경의 개선, 적절한 토지 이용, 농약과 같은 화학물질에 대한 관리, 교통 시스템 등 물리적, 사회적 환경에 대한 접근을 통하여 해결할 수 있다. 그리고 이러한 접근에는 친밀한 사회적 관계망 속에서 건강에 대한 돌봄을 받을 수 있는 지역 사회 의료체계를 만들어가는 계획도 포함되어야 한다.

건강을 불러오는 도시 계획

제이슨 코번Jason Corburn은 현대 사회의 전문화와 분업화 분위기 속에서 도시 계획과 보건행정, 이 두 분야가 분리되었고 그 결과 도시 계획에서 건강을 고려하지 않게 되면서, 특히 저소득 인구 집단 및 유색인종과 같은 취약한 인구 집단의 건강이 심각하게 위협당한 것을 지적한다. 그리하여 도시 계획은 다시 건강을 고려하는 원래의 모습으로 돌아가야 한다고 주장했다. 특히 보건행정은 질병과 사망을 개인의 흡연, 식이, 운동과 같은 생활 습관이나 행동, 그리고 유전적으로 타고난 특성의 탓으로 돌리는 '생의학적' 질병

관에서 벗어나 도시 계획을 할 때 다른 부문의 의사결정에도 적극적으로 개입해야 한다고 했다.[22]

이를 위해서는 사람들의 건강을 위해 세계보건기구에서 '원인의 원인'으로 정의한 건강의 사회적 결정 요인을 변화시키는 데 초점을 두어야 한다. 건강의 사회적 결정 요인에는 인구 집단의 안녕을 설명하는 긍정적 혹은 부정적 영향들이 포함되어 있다. 예를 들어, 사회적 계층화와 건강의 관련성에 관심을 가져야 한다. 사회적 계층 사다리의 아래에 위치할수록 기대수명은 짧고 질병의 발생률은 높다고 알려져 있기 때문이다. 교육수준, 직업, 주거, 교통에 대한 접근성, 사회적 소외 및 지지, 그리고 의료서비스도 건강에 매우 중요한 영향을 미친다.

따라서 흡연이나 신체 활동과 같은, 이른바 '하위downstream' 위험 요인, 즉 개인적 요인에 가깝고 질병 발생에 강한 인과관계를 가진다고 간주되는 요인으로만 건강 결정 요인을 제한하게 되면 인구 집단의 건강문제를 해결할 수 없다. 반면에 개인적 요인으로부터 멀리 떨어져 인과적 설명력이 약한 '상위upstream' 요인들, 즉 건강 불평등의 원인으로 지목되는 사회구조, 분배 과정, 권력의 분포에만 전적으로 초점을 맞추어서도 안 된다. 건강한 도시 계획은 개인뿐 아니라 인구 집단 건강에도 관심을 가져야 하고 하위와 상

---

22 제이슨 코번(2013), 강은정 역,《건강도시를 향하여》, 한울아카데미.

위 모두에서 접근해야 한다. 또한 단순하게 생물학적 요인뿐 아니라 정치적, 사회적 요인들이 어떻게 서로 영향을 미치며 그러한 요인들의 조합이 인구 집단의 사망과 질병의 분포를 결정하고, 정책적 개입이 여기에 어떠한 변화를 줄 수 있는지에 관심을 가져야 한다. 경제적으로 충분히 구입하거나 거주할 수 있는 주택, 건강식품에 대한 접근성, 충분한 고용 기회, 질 높은 교육, 이용하기 쉬운 대중교통, 발달된 사회적 네트워크 등과 같은 특성이 건강의 사회적 결정 요인들이며, 도시를 설계하거나 변화시킬 때 이러한 구조나 장소를 고려해야 한다.

건강한 도시를 계획할 때 고려해야 할 다음 요소는 구조나 장소 자체만이 아니라 구조나 장소의 특성을 사람과의 관계 속에서 바라보는 것이다. 건강한 도시가 되기 위해서는 도시의 구조나 장소의 물리적, 사회적 특성들이 중요하지만 이와 같은 특성들은 사람들이 그 구조나 장소에 부여하는 의미로부터 분리될 수 없기 때문이다. 다시 말해, 장소는 정적인 공간의 의미만 있는 것이 아니라 사람들이 생활하고 교류하는 상호적 과정이 일어나는 곳이다. 따라서 사회적 건강 결정 요인들이 어떻게 건강과 연관되어 질병과 사망의 분포에 영향을 미치는지에 관해서 볼 때, 이러한 관계적인 요소를 넣어서 파악하는 것이 중요하다.

19세기 후반부터 현대 사회에 이르기까지 건강도시를 만들기 위한 노력은 쓰레기 수거, 상수의 공급과 하수처리, 주택 관련 사항을 포함한 여러 가지 도시행정을 만들어 냈다. 다만 행정적인 접근은 물리적이고 기술적인 해결책이 지배적이어서 쓰레기 및 오물의 수거 시설을 만들거나 하수관을 통해 오수를 하천이나 바다로 내보내는 등의 접근이 대부분이었다. 이러한 도시 계획은 사망률을 감소시켜 건강을 증진시키는 데 상당한 성공을 거두었으나, 건강의 사회적 결정 요인을 충분히 고려한 접근이라고 할 수는 없다. 특히 만성질환을 예방하거나 관리하는 데 있어서는 큰 역할을 못하였다.

아동기에 겪는 생활환경, 친구 관계 및 사회적 안전망, 직업과 일자리 불안, 건강식품과 교통 체계로의 접근성과 같은 건강의 사회적 결정 요인은 개인과 인구 집단 전체의 건강에 직접적인 영향을 준다. 따라서 이러한 요인은 개인과 인구 집단을 건강하게 만들기도 하고 건강 불평등을 일으키는 요인이 되기도 한다. 특히 노인, 임산부, 아동과 같은 인구 집단은 이러한 요인에 더욱 취약하기 때문에 건강한 도시를 만들기 위해서는 복합적인 사회 환경 요인을 잘 관리해야 한다.

동네에 있는 공원과 같이 산책 및 여가를 즐길 수 있으며 비교적 안전하고 쉽게 접근할 수 있는 공간들은 규칙적인 신체 활동을 증가시킨다. 이렇게 일상적인 신체 활동을 꾸준히 하게 되면 심장질환, 당뇨병, 골다공증, 비만 발생의 위험을 감소시킬 수 있고, 혈압을 낮추고 우울과 불안의 증상을 완화시킬 수 있으며, 정신 질환을 예방할 수 있다. 또한 나무와 녹색의 공간은 대기오염을 줄이고 여름철 고온으로 인하여 발생하는 폭염의 영향 혹은 도시의 열섬 현상을 감소시켜 말라리아나 뎅기열과 같은 곤충 매개질환 발생을 예방할 수 있다. 더불어 심혈관 및 호흡기 질환과 관련된 상병 및 사망을 줄이고 건강을 증진시킬 수 있다. 이렇게 도시를 계획하고 변화시켜 간다면, 도시는 질병을 일으키는 장소가 아니라 건강을 가져오는 곳으로 변화할 수 있을 것이다.

2장
바이러스의 습격,
어떻게 준비해야 하는가?

PANDEMIC

팬데믹의 시대

국경 없는 질병 시대를 열다

현대 사회는 각국의 개별적 산업화에 그치지 않고 전 세계를 하나
의 시장으로 묶어, 전 세계 소비자를 대상으로 생산과 판매가 이루
어지는 본격적인 '세계화 시대'이다. 세계화란 교역과 교류가 과거
와는 비교할 수 없을 정도로 늘어나면서, 국가라는 영역과 경계가
무너지고 전 세계가 하나의 공동체로 연결되는 과정이다. 그러나
도시화가 각종 질환의 온상이 되었듯이 세계화는 전염병의 새로
운 유행을 몰고 오는 계기가 되었다.

1999년 8월 뉴욕 시에서는 까마귀 떼의 사체가 발견되었고,
거의 비슷한 시기에 심한 근력 약화 증상을 동반한 뇌염환자들이
도처에 발생하였다. 아프리카 나일 강 서부에서 처음 발견된 웨스

트나일 바이러스West Nile virus가 지역 간 교류가 활발해지자 조류를 매개로 아메리카에 진출해 사람에게 전파된 것이다. 급기야 웨스트나일 바이러스는 아메리카에서 서식지를 확장하여 유럽뿐 아니라 아시아와 오스트레일리아로 퍼져 나갔다. 2009년에 세계적으로 유행한 신종 인플루엔자는 돼지를 숙주 동물로 삼던 바이러스가 사람에게 독감을 일으킨 것이었다. 본래 돼지에 서식하던 바이러스가 사람에게 옮겨간 후, 사람 간 전염이 가능한 형태 변이가 생기고 국가 혹은 지역 간의 왕래가 잦아지면서 대유행을 일으킨 것이다.

웨스트나일 바이러스나 신종 인플루엔자 등은 동물을 통해 전파된 바이러스가 사람에게 전염병 유행을 일으킨 경우이다. 1만 년 동안 문명의 시기를 지나온 인류에게 치명적이었던 전염병도 대부분 동물에 기생하던 균이 사람에게 옮겨온 것이었다. 동물을 매개로 한 전염병은 앞으로도 얼마든지 가능한 일이다. 지구상에는 아직 개발되지 않은 지역이 상당히 존재하고, 동물과의 접촉은 나날이 늘어갈 것이며, 세계화에 따라 사람 간 교류는 더욱 빈번해질 것이기 때문이다.

2002년 11월, 중국 광둥성에서 고열과 함께 폐렴과 같은 호흡기질환 증상을 나타내는 질병이 발생했는데, 이 질환은 홍콩, 싱가포르, 베트남, 그리고 캐나다까지 빠르게 확산되었다. 이 감염성질환은 8천 명이 감염되고, 8백 명이 사망한 다음에 소멸되었으나 높은 치사율 때문에 중증급성호흡기증후군, 즉 사스SARS라는 진단명을 갖게 되었다. 명백한 숙주 동물이 밝혀지지 않았지만, 박쥐나 사향 고양이로부터 옮겨온 바이러스가 병을 일으킨 것으로 추정되며, 원인균은 변종 코로나바이러스로 확인되었다.

2015년 5월, 한국에서 대유행했던 중동호흡기증후군, 이른바 메르스MERS도 중동의 낙타로부터 옮겨온 코로나바이러스에 의해 발생했으며, 2019년 12월에는 중국 우한시에서 원인을 알 수 없는 폐렴이 발생하였다. 당시 이 질병이 전 지구적 대유행, 즉 코로나19 바이러스 전염병, 팬데믹의 시작이 되리라고는 아무도 생각지 못했을 것이다. 이러한 새로운 감염병은 이제 일부 국가에 국한되지 않는다. 감기처럼 드물지 않게 찾아오는 인플루엔자는 이미 국경 없는 질환이 되어 어느 한 지역에서 발생하면, 곧 지구상의 대부분 지역으로 유행처럼 퍼져 나가고 있다.

의료의 세계화를 통한 질병 종식 전략

20세기 중반 이후 광범위한 예방접종 프로그램 시행 덕분에 1977년 세계보건기구는 천연두를 박멸했다고 선언했다. 예방접종 프로그램은 홍역, 소아마비, 디프테리아, B형간염 등과 같은 많은 질환을 예방해 전염병의 발생을 줄이는 데 상당한 기여를 했다. 예방접종의 성과와 함께 페니실린 같은 항생제의 사용으로 전염병을 포함한 전체 감염성질환 치료에 있어서도 큰 성과를 이루었다. 그러나 항생제로 병원균을 정복해 감염성질환을 종식시키고자 했던 희망은 항생제 내성균의 등장이라는 복병을 만나 점차 사그라졌다. 병원균은 항생제라는 독성환경을 맞으면 대부분 사멸하지만 유전자의 변이가 생긴 일부 병원균은 항생제의 독성환경에도 사멸하지 않았던 것이다.

사실 병원균이 후손을 만들어내는 속도는 무척 빠르기 때문에 유전자 변이로 생긴 항생제 내성균은 초기에는 그 수가 적을지라도 급속히 증식해 퍼질 수 있다. 특히 진료 현장에서의 항생제 남용뿐 아니라, 가축 사육이나 물고기 양식을 위해 항생제가 무분별하게 사용되면서 항생제 내성균은 광범위하게 확산되고 있다. 병원성 박테리아뿐 아니라 바이러스나 말라리아원충 같은 병원균에 있어서도 약제 내성이 점차 늘고 있는 추세다. 이처럼 과거의 병원균이 항생제 내성이라는 갑옷을 입고 다시 위세를 떨치고 있으므로, 상당 기간 감염성질환의 극복이라는 목표를 달성하기 어려울 것으로 보인다. 더욱이 항생제 내성과 같은 문제는 특정 국가나 지역 차원의 문제가 아니다. 세계화가 시작된 오늘날 항생제 내성을 가진 병원균은 전 세계에서 맡은 바 소임을 다 하고 있기 때문이다. 이것이 바로 새로운 항생제나 백신의 개발과 함께 항생제 내성균의 발생 억제를 위한 종합적 대처와 지역 수준을 넘어 세계 수준의 전략이 필요한 이유이다.

질병의 양상이란 기본적으로 문명의 발달 단계에 따라 정해진다. 그런데 각 지역의 역사적 발달 단계가 다르고 문명이 건축된 경험과 시기가 다르기 때문에 지역 간에도 질병의 양상이 다르게 나타난다. 현재 지구상에는 남아메리카의 히위족과 같이 수렵채집 생활을 영위하는 가족 공동체 혹은 씨족 중심 사회생활로 말미암아 본격적인 현대질환을 겪지 않은 사람들이 남아 있다. 한편 현대화된 도시 문명의 시혜와 더불어 노인 인구 증가에 따른 알츠하이머병과 같은 신경퇴행성질환의 유행을 겪고 있는 선진국도 공존하고 있다. 이렇게 서로 다른 사회 발전 단계와 질병 양상에 대처하기 위해서는 질병에 대응 전략도 각 사회에 맞게 달라져야 한다.

단편적으로는 현재 지구상에는 다양한 양상의 질병 단계가 있고 이에 맞는 다양한 전략을 채택하는 것이 맞아 보인다. 그러나 다양한 질병이 지역 간에 서로 영향을 주고받는다는 점과 질병 단계가 일정한 방향으로 변천해 간다는 점도 고려해야 한다. 인류의 문명 전체를 살펴보면 일정한 방향의 발전 단계를 거치는 것을 알 수 있다. 심한 가뭄이 들거나 생활환경 여건이 좋지 않았을 때 농경을 하다 수렵채집으로 회귀한 경우가 예외적이기는 하지만, 농업혁명과 산업혁명을 거쳐 현대 사회로 들어섰다는 순차적인 방향에는 변함이 없다. 선진국의 만성질환 문제와 사하라 사막 이남 지역의 영양 결핍 문제는 동일한 시간대에 발생하고 있으나, 이는 선진국과 개발도상국의 서로 다른 발전 단계를 나타내는 것이지

지역 간 질병 양상의 차이가 있음을 나타내는 것은 아니다. 사하라 이남 지역도 머지않아 선진국의 만성질환 유행을 경험하게 될 것이기 때문이다.

따라서 우리에게는 각 지역이 처한 상이한 역사 발전 단계에도 불구하고, 세계화에 맞추어 서로 다른 단계별 전략을 통합적으로 관리하는 거버넌스 체계가 필요하다. 특히 주기적으로 찾아오는 바이러스 전염병의 '팬데믹' 현상은 이러한 거버넌스 체계가 시급하다는 것을 잘 보여준다. 그리고 이 거버넌스 체계는 국가 간, 지역 간의 긴밀한 공조를 요한다.

세계화와 함께 국가라는 틀 안에서 계획되고 수행되던 보건의료서비스 역시 변화해가고 있다. 많은 나라가 낙후된 의료 접근성 및 사회환경에 있으면서도 선진국의 고도화된 의료 기술 도입을 원하고 있다. 이는 국가 내 보건 의료의 양극화를 초래하기도 하지만, 한편으로는 의료의 세계화를 가속화하는 현상이기도 하다.

이제 우리에게는 이러한 양극화와 세계화의 문제를 본격적으로 다루어 나가는 세계적 수준의 질병 대응 전략이 필요하다. 우선, 각 국가에서 보건학적 우선순위를 정하고 감당할 수 있는 비용으로 접근 가능한 기술과 도구를 지역사회 공동체에 적용해 국가 간 건강과 질병 수준의 차이를 줄이는 데 주력해야 한다. 다음에는 의료의 세계화를 기반으로 지구적 차원의 질병 극복 전략을 만들어가야 한다. 따라서 질병을 극복하기 위한 실질적인 조치 중 하나

는 세계보건기구와 같은 세계적 수준의 전략을 수립하고 집행하
는 보건 거버넌스 체계의 강화라고 할 수 있다.

상식 밖의
바이러스들

조화와 균형이 깨지면 질병이 된다

한 번 발생하면 곧바로 세계적인 유행으로 발전하는 바이러스 감염병은 단순히 바이러스라는 '병원균'이 '폐렴'과 같은 질환을 일으켰다고만 여길 수 없다. 예를 들어, 2019년 말에 중국 우한에서 발생한 코로나바이러스19 전염병은 박쥐에서 기인한 바이러스가 원인이라고 밝혀졌다. 바이러스의 숙주인 박쥐의 서식환경이 변화되고 사람과 밀접한 접촉을 하게 되면서 바이러스가 사람으로 옮겨간 것이다. 결국 박쥐의 서식환경 변화라는 외부적 요인과 준비되지 않은 인체 면역체계 등 다양한 요인이 질병 발생에 관여하는 것이다. 이처럼 건강에 영향을 주는 요인은 그 종류가 매우 다양하고 서로 영향을 주고받기 때문에 각자의 영향 및 상호작용을 종합적으로 고려해야만 건강에 대한 전체적인 영향을 평가할 수 있다.

　뿐만 아니라 만성질환 역시 여러 가지 요인이 복잡하게 얽혀서 발생하는 질병이다. 이와 같은 질병 현상을 제대로 이해하기 위해서는 복잡하게 얽혀 있는 인체 내부와 외부 환경을 이해하고 각 개인이 외부 환경에 노출되면서 발생하는 다양한 양상을 알아야 한다. 인체 내부 시스템과 외부의 환경이 조화와 균형을 이루고 있는 상태를 '건강'이라고 한다면, 조화와 균형이 깨진 상태를 '질병'이라 할 수 있다. 이처럼 질병은 인체와 환경의 불협화음으로 생기는 현상이다. 따라서 이 메커니즘을 잘 알고 관리할 수 있다면, 질병의 예방과 관리가 충분히 가능해진다. 한편 질병을 일으키는 요인은 계속해서 변하기 때문에 복잡하게 연결되어 있는 요인들이 변하면서 미치는 다양한 영향 또한 이해해야 한다. 즉, 질병을 예방하거나 잘 관리하려면 지속적으로 질병과 관련되는 요인을 충분히 숙지하고 문제가 되는 부분을 개선해 나가야 한다는 것이다.

　성공적인 질병 관리를 위해서는 서로 다른 수준의 다차원적인 정보를 모으고 쉽게 이해가능한 정보로 전환할 수 있는 기술과 컴퓨팅 능력이 필요하다. 인체 내부 및 외부 환경 간의 네트워크를 기반으로 질병을 진단하고 치료하는 새로운 의학 모형을 '시스템 의학'이라고 한다. 이 모형은 기본적으로 전체 시스템의 조화와 균형이라는 개념에서 시작한다. 이러한 방식은 질병이 단순히 인과에 따른 관련성이 아니라, 인체 내부와 외부의 다차원적 시스템 균형의 붕괴로 생긴다는 생각을 기반으로 한다. 예를 들어, 인간의 생활공간을 바꾼 문명화와 도시화, 사회적 관계의 균형을 깬 급속도의 산업화 과정 등이 포함된다. 기존의 질병관, 즉 생의학적 질병관이 원인을 찾아내어 해결하고 치료하는 것을 중심으로 하였다면, 환자 중심의 의학적 질병관은 '균형'에 초점을 맞춘다. 인체 내의 세포 간 균형, 미생물과의 균형, 외부로는 환경과의 균형과 사람 간의 균형을 바로 잡아야 질병을 예방하고 치료할 수 있다는 것이 핵심이다.

거시적 전략이 필요하다

현대 의학의 특징은 빠른 속도로 발전하는 과학기술과 병원이라는 공간을 기반으로, 병원을 찾은 환자의 질병을 진단하고 치료하는 의료체계이다. 하지만 이는 곧 현대 의학이 갖는 취약점이 되기도 한다. 단지 과학기술을 중심으로 발전하는 의학은 성찰적, 전인적 요소를 제외한 채 발전할 가능성이 높으며 개별 환자의 질병을 대상으로 하는 미시적 접근의 의료는 더 넓은 관점에서 인구 집단의 질병을 이해하는 데 어려움을 준다. 예를 들어, 전염병이 지역 사회에 넓게 퍼져갈 때 전염병에 걸린 환자의 질병을 치료하는 것만으로는 전염병 문제에 제대로 대처할 수 없다. 과로로 인하여 허

혈성심질환이 발생하거나 악화된 경우 스텐트나 약물로 혈관을 확장하는 것만으로는 완벽한 대처가 힘들다. 이러한 표면적 치료로는 전염병이나 질병에 대한 예방이나 해결책을 수립하고 체계를 만드는 데까지 도달하기 어렵다.

이러한 문제를 해결하기 위해서는 과학기술 위주의 의료에서 사람 중심의 의료로 발전해야 한다. 질병 중심의 의학에서 전인적 의학으로 발전해야 한다는 것이다. 또한 병원이라는 한정된 공간을 넘어 지역 사회로 의료의 활동범위를 확대 설정하는 접근 방식도 중요하다. 개별 환자를 대상으로 하는 의료는 각 개인의 질병을 치료하는 데 도움이 되지만, 오늘날 질병은 개인의 신체적, 정신적, 사회적 생활환경이 조화와 균형을 이루지 못하여 발생하는 것이 대다수이기 때문이다. 따라서 지역 사회 수준에서 접근하는 의료의 필요성은 계속해서 높아질 것이다.

이제 의학은 내적 성찰을 통하여 새로운 단계로 발전해야 한다. 의료기술의 눈부신 발전은 인간의 병을 발견하고 치료하는 데 많은 기여를 했지만, 극도로 발전한 기술은 단순한 기여를 뛰어넘어 인간의 생명과 관련한 윤리적 문제에 도달하고 있다. 윤리 문제마저도 지금까지는 인간배아 줄기세포 연구와 같은 협의의 생명윤리나 개별 환자와 의사 간의 차원에서 다루어졌다. 하지만 앞으로는 제한된 자원 아래 누구에게 의료기술을 적용할 것인가에 대한 사회적, 경제적, 정책적 결정의 문제가 두드러질 것이며 이미

이러한 문제는 감출 수 없는 사안이 되었다.

병원을 넘어 지역 사회를 대상으로 하는 의료는 고령화와 함께 그 필요성이 대두되었다. 감당하지 못할 만큼 증가한 노인 인구는 단순히 노인 공경과 효의 개념에서 다룰 수 있는 수준이 아닌 것이다. 특히 75세 이상의 노인인 경우는 개인의 차원이 아닌 지역 사회 차원에서 돌봄을 제공할 필요가 있다.

미래의 의료는 미시적 접근에서 거시적 접근으로 그 범위를 확장해야 한다. 코로나바이러스19와 같이 개인의 문제에서 벗어나 사회적 환경 차원의 이해가 촉구되는 질병이 늘어남에 따라 체계를 형성하여 미래를 대비하는 것이 중요하다. 경제, 교육, 교통, 환경의 영향까지 고려한 의학의 접근방식이 필요하고, 이를 바탕으로 질병 관리 정책이나 의료공급체계, 이에 따른 재정 정책과 지불 제도를 수립해야 한다.

질병 중심에서 환자 중심으로

한 환자가 가슴 통증을 호소하며 종합병원의 심장 내과에서 진찰을 받았다. 심장 내과 전문의는 여러 검사를 시행한 후에 심장에 문제가 없다며 소화기 내과 진찰을 권유하였다. 소화기 내과 의사는 내시경을 시행한 후 가벼운 역류성식도염이 있다고 진단하며 2주치 약 처방을 했다. 그러나 환자가 약을 복용한 후에도 증상은 호전될 기미가 없었다. 다시 소화기 내과 의사를 찾아가니 불면이나 우울증상에 대한 몇 가지 질문을 한 후 정신과 의뢰를 진행했다. 정신과 의사 역시 몇 가지 약을 처방했지만 환자의 증상은 그대로였다. 환자는 대사증후군 치료 때문에 다니고 있던 동네 의원을 방문했을 때, 그동안의 증상과 경과를 자세히 이야기했다. 증상이 생기기 전, 피트니스 센터에서 역기와 평행봉 운동을 했다는 말을 들은 의사는 늑연골염costochondritis을 진단하고 항염증제를 처방하였다. 이후 환자의 증상은 소실되었다.

이 과정에서 환자는 여러 전문과 전문의를 만나면서 불편과 비용을 감수해야 했다. 만약 의료가 질병 중심이 아닌 환자 중심으로 이루어졌다면, 해당 환자가 겪었을 불편함과 비용은 발생하지 않았을 것이다. 영국의 정신 분석가 에니드 발린트Enid Balint는 1969년에 '환자 중심 의료'라는 용어를 처음으로 사용했다. 그녀의 개념은 '질병 중심의 치료'가 병태생리학에 지나치게 중점을 두면서 환자를 이해하고 치료하는 데 필요한 다른 수단을 배제한다는 것이다. 영국의 의사 조지 엥겔George Engel도 1977년, 환자와 그의 사회적 상황, 그리고 질병에 대응하는 사회시스템을 고려하는 생물정신사회 모델biopsychosocial model을 제안하면서 질병의 원인을 생물학적 요인에 국한시키고 있는 현대 의학을 향해 비판의 목소리를 내었다.

환자 중심 의료에서 말하고 있는 '환자 중심'은 '의사 중심'과

대조되는 개념이다. 환자 중심의 의료는 개인의 질병 관련 요인들을 모두 고려해 질병 예방과 치료를 하는 '개인 맞춤형 의료'라는 특징을 가진다. 즉, 환자가 가진 고유의 분자, 유전자, 세포 수준의 정보와 생활습관 그리고 임상적, 생리적, 환경적 정보 등 다양한 수준의 정보를 얻어서 질병 예방과 치료에서 획기적인 발전을 이루기 위한 새로운 접근법이라 할 수 있다. 이는 사람의 건강에 영향을 미칠 수 있는 모든 정보를 고려한 접근법이다.

환자 중심의 의료가 제대로 실현되기 위해서는 질병 결정 요인에 대한 데이터가 필요하다. 특정 환자의 건강 문제를 해결하고자 할 때 그 환자에 대한 정보를 충분히 가지고 있어야 어느 부분을 개선하여 예방 혹은 치료에 활용할지 결정할 수 있기 때문이다. 예컨대 어떤 요인으로 시작되어 인체 내의 어떤 반응을 거쳐 질병이 발생하게 되었는지에 대한 질병 발생기전 및 다양한 노출 정보와 함께 유전자, 대사산물 및 생체 지표들의 정보들이 모두 고려되어야 하고 이를 위한 정보 관리 기반이 갖추어져야 한다. 이를 위해서는 개인별 특성에 맞는 적절한 예방과 건강관리에 대한 정보 획득의 노력이 선행되어야 하는데, 엄격한 보안 체계에서 환자의 정보가 지속적으로 수집되고 분석되는 플랫폼 기반의 데이터 센터가 이러한 역할을 담당할 수 있다.

그러나 환자를 중심으로 한다고 환자가 태양이 되고, 의사가 환자에게 종속되거나 환자보다 낮은 지위에 있는 관계도 건전하지 않다. 의료는 환자와 의사 사이의 협동에 의존하므로 환자와 의사는 동등한 입장에서 만나되 의사의 전문적인 식견이 존중되어야 하고, 어느 일방이 중심적인 위치 혹은 우월한 지위를 주장해서는 안 된다.23 즉, 현대 의학에 관한 비판적 주장이 제기한 문제의식을 수용하면서 생물학적 인자와 환경적 요인이 복잡하게 얽혀서 발생되는 질환 현상을 이해할 필요가 있는 것이다.

환자의 건강 정보와 함께 다양한 생활환경과 습관을 관리한 개인맞춤형 건강관리가 가능하게 된다면 당뇨병이나 심장질환과 같은 만성질환뿐 아니라 치매나 우울증과 같은 질병의 발생도 줄일 수 있다. 특히 전염병의 유행 시기에는 증상이나 질병을 모니터링함으로써 지역 사회 차원의 질병 관리가 가능할 수 있을 것이다.

플랫폼 중심의 의료

환자 관리에 있어서 중심적인 역할을 하는 병원의 진료 형태는 하루빨리 변화되어야 한다. 각 질병에 따라 접근하고 치료하는 방법은 비효율적일 뿐 아니라 혼란을 초래한다. 이러한 질병 시스템은 특정 원인이 특정 질병을 일으키기 때문에 서로 다른 질병은 각각

---

23 Charles L. Bardes(2012), "Defining 'Patient-Centered Medicine'", 〈New England Journal of Medicine〉, 366: 9.

독립적으로 치료해야 한다는 생의학적 모형에 근거를 둔다. 물론 질병 중심 의료가 의료의 전문성을 높이는 역할을 수행했으나, 이러한 단순 대응만으로는 효율적으로 환자를 치료하기 어렵다. 질병을 중심으로 하는 시스템에서는 정상인과 환자를 구분해서 관리하지만 이러한 구분점이 명확하지 않을 경우 혼란에 빠지기 때문이다. 특히나 질병 요인의 영향은 질병 발생 이전부터 점진적으로 받아온 것으로 질병이 발생한 후에 원인을 찾아 치료한다는 개념에는 근본적인 한계가 있다.

앞으로는 태아부터 노화의 단계까지 성장과 변화에 따른 생애주기를 중심 개념으로 하여 의학적 관리가 이루어져야 한다. 이는 결국 질병 중심의 의학에서 사람 혹은 환자 중심의 의학으로 변화되어야 한다는 의미이다.[24] 사람 중심 의학의 시작은 플랫폼에 있다. 플랫폼이란 용어는 16세기에 만들어졌는데, 예술이나 비즈니스 등의 분야에서 사용되다가 최근 들어 물품 생산이나 기술 및 결제시스템 등의 분야에서 보편적으로 사용되고 있다.[25] 몇 년 사이 디지털 네트워크 산업을 통하여 급부상한 플랫폼은 전 세계적으

24 홍윤철, 앞의 책.

25 Carliss Y. Baldwin, C. Jason Woodard(2009), "The Architecture of Platforms: A Unified View", 《Platforms, Markets and Innovation》, EdwardElgar, pp.19~44.

로 이루어지고 있는 협업 기반의 다양한 오픈소스 프로젝트이다.

의료 플랫폼을 중심으로 구현되는 커뮤니티 헬스 케어com-munity health care는 사람 중심의 의료를 실현함과 동시에 지역 사회 병의원 중심으로 의료가 펼쳐짐으로써 중앙집권적 의료시스템을 분권화시키고, 한편으로는 의료 격차를 줄이며 의료의 질을 개선시키고자 하는 목적을 가진다. 의료 지식이 없는 일반인도 의료 플랫폼을 이용하여 자신의 상태에 대해 정확하게 판단하고 의료 서비스를 이용할 수 있게 된다. 인공지능을 활용한 진단 도구는 환자들이 스스로 자신의 타액, 소변, 대변, 혈액과 같은 생체시료검사 결과를 해석하고, 자신의 유전자와 최신 의료 기술을 선택하는 데 필요한 정보와 판단 근거를 어느 정도 제공할 것으로 기대한다. 이러한 정보를 주치의와 공유하면 보다 수준 높은 건강관리를 해나갈 수 있을 것이다.

한편 의료기관은 의료 플랫폼을 기반으로 하나의 거대한 자동화 시스템으로 변할 수 있다. 진단과 처방은 거의 자동화되고, 여러 가지 검사 및 수술 역시 대부분 컴퓨터와 로봇이 담당할 수 있다. 또한 각종 진단기기 속에서도 소견을 나타내는 수준을 넘어 스스로 판단할 수 있는 알고리즘을 추가하는 방향도 기대해볼 수 있다. 예를 들어, MRI 촬영이나 초음파 검사를 수행하게 되면 진단기기는 사진이나 화면상의 결과를 분석하고 진단명을 제시해 의사의 판단을 돕는다. 처방은 여러 가지 생활지침과 함께 자동으로 환자의 정보 단말기에 들어가게 되고, 필요한 약제 역시 집으로 자동 전송되는 미래 의료시스템도 생각해볼 수 있다. 의료 플랫폼은 가정과 병원을 연결하여 연속적으로 건강관리가 이어지는 체계를 만들 수도 있다. 즉, 가정이나 학교, 직장부터 병원에서의 집중치료에 이르기까지 여러 전문 분야의 사람들이 의료 플랫폼을 이용하여 서로 협업하게 되는 것이다. 물론 이를 위해서는 환자의 정보가 가정에서부터 병원까지 공유되고 의료진이 협력해 판단할 수 있는 정보 공유 및 판단 체계가 마련되어야 하지만, 궁극적으로 과학기술 발전에 따라 자동화된 시스템은 진료의 연속성을 가능하게 할 것이다.

의료의 가치 기반 시스템

가치 기반 시스템이란 병원이나 의사 등 의료 공급자에게 환자의 건강 결과를 바탕으로 비용을 지불하는 의료 체계를 말한다. 가치 기반 의료에서의 '가치'는 결과를 얻는 데 들어간 비용 대비 건강이 얼마나 좋아졌는가를 측정한 값으로, 투여된 의료 비용으로 산출된 건강 결과를 나누어 평가한다. 결국 가치는 건강 결과의 개선이나 비용 절감에 의해 증가될 수 있다.[26]

---

26 Patrick Dobbs, David Warriner(2018), "Value-based Health Care: the

가치 기반 시스템은 제공된 의료서비스의 양에 따라 비용을 지불하는 행위별수가제나 인두제와는 다르다. 사실 미국이나 우리나라의 현재 의료시스템인 행위별수가제 기반의 의료 비용 지불 모델은 건강 결과 개선에 대한 동기부여가 크지 않다. 행위별수가제에서는 의료 행위가 많을수록 비용이 상승할 수밖에 없다. 게다가 의료의 질에 대한 평가 역시 제대로 이루어지지 않는다.

반면 가치 기반 시스템은 의사와 병원에 지불하는 비용을 환자에게 제공된 의료 비용, 품질 및 건강 결과와 연계시키기에 경제적 효과를 누릴 수 있으며, 의료의 질을 높이는 하나의 방법이 된다.

이러한 가치 기반 시스템은 의사가 제공하는 행위에 의해서가 아니라 환자의 결과를 중심으로 '의료'가 평가되기 때문에 질병 중심 의료에서 환자 중심 의료로의 전환을 꾀할 수 있는 매우 중요한 개념이자 방법이다. 현재까지는 가치에 대한 정의에 있어 여러 당사자 간의 완전한 합의를 이루지 못하였으나, 의료 비용 절감과 품질 및 결과 개선에는 많은 수가 입을 모으고 있기에 가치 기반 시스템으로의 전환은 불가피한 것으로 보인다.[27]

Strategy That will Solve the NHS?", 〈British Journal of Hospital Medicine〉, 19(6): 306~307.

27 Wendy Gerhardtet et al.(2015),《The Road to Value-based Care》, Deloitte University Press.

이처럼 가치 기반 시스템은 지출을 줄이면서 품질과 결과를 개선하는 것을 목표로 한다. 2014년 미국에서 수행된 조사에 따르면, 조사에 참여한 보건 전문가 72퍼센트가 미래에는 진료의 양을 기준으로 하는 것이 아니라 진료의 결과, 즉 가치를 기반하는 지불 제도로 바뀔 것으로 전망했다. 또한 같은 해 미국 의사들을 대상으로 한 설문조사에 따르면, 많은 사람이 이 시스템을 경험하지는 못했지만, 향후 10년 이내에 보상액의 절반이 '가치'를 기반할 것으로 예측하고 있다.

가치 기반 의료를 성공적으로 수행하기 위해 의료 제공자들은 환자를 돌보는 서비스에 더 많은 시간을 투자한다. 하지만 서비스 제공의 양이 아니라 서비스의 질에 더욱 초점을 두어야 할 것이다. 나아가 가치 기반 의료의 확산은 의사와 병원의 진료 방식을 변화시킬 수 있다. 이러한 새로운 의료서비스 제공 모델에서는 환자 관리 및 환자 데이터 공유를 위해서 의료진이 진료 협력 체계를 구축하여 효율적으로 치료 효과를 극대화하기 위한 노력을 해야 하기 때문이다.

의료기술의 변화, 인류의 생존을 논하다

건강관리 패러다임이 바뀐다

정밀 의료란 유전 조건, 환경, 생활습관 등 개인차를 고려하여 질병의 치료와 예방을 개인에게 맞추는 새로운 패러다임의 헬스케어다. 이제까지는 직관과 경험으로 환자를 치료하거나 개인적 특성을 고려하지 않고 일률적으로 하나의 질환에 표준적 치료를 적용하는 것이 관행이었다. 실제로 표준적 치료를 지향하는 현대 의학에서는 학술지에 발표된 연구 결과를 모아 종합적으로 분석하여 근거를 마련하고, 이에 기반을 둔 치료 기준을 만든다. 이러한 근거 기반의 의료는 통계적 방식을 통해 최선의 결과를 도모하지만, 여전히 개인에게 적용되는 실제 치료에 있어 환자에 따라 때로는 효과가 전혀 없거나, 오히려 해를 끼칠 수도 있다.

심근경색이나 뇌경색을 예방하기 위해 사용하는 아스피린은 위궤양에 취약한 사람들에게 위장 출혈을 일으킬 수 있고, 류마티스질환을 치료하기 위한 면역억제제가 심각한 골수 기능 저하를 유발하며 심각한 경우 패혈증을 촉발할 수도 있다. 만일 이 경우 유전적 소인과 과거 병력 등 환자에 관한 정보가 충분하다면 다른 약을 처방하거나 용량을 조절할 수 있을 것이다. 환자로부터 얻을 수 있는 데이터가 많으면 많을수록 예방과 치료의 전략은 정교해진다. 치료 성적은 극대화하고 부작용은 최소화하는 것, 이것이 바로 정밀 의료의 목적이다.

건강 관리 면에서도 플랫폼 기반의 헬스 케어는 매우 유용한 기법이라 할 수 있다. 이 기법을 이용하면 언제 어디서나 의료 기관과 연계하여 관리를 받을 수 있기 때문이다. 헬스 케어 플랫폼은 체중계, 혈압계 등 재택 모니터링 기기들과 휴대용 심전도 측정기 등을 통해 데이터가 축적되고, 스마트폰 속 어플리케이션으로 데이터 전송이 가능하며 데이터를 전달받은 의료기관에서는 이를 분석하여 시의적절한 피드백을 주는 방식으로 운영될 수 있다. 단순 질병이 아닌 만성질환은 몇 달에 한 번 꼴로 병원을 방문하는 수준으로는 해결되지 않는다. 일상적이고 적절한 운동과 식이 요법을 병행해야 하며, 필요한 약을 규칙적으로 챙겨 먹어야 하기 때문에 시간에 맞춰 관리해주는 시스템은 보다 효과적으로 질환을 관리해줄 것이다.

이와 같이 정밀한 헬스 케어는 고혈압이나 당뇨병과 같은 만성 질환의 경과를 개선하고 합병증을 적극적으로 예방하는 데 큰 역할을 할 뿐 아니라, 열이 나거나 맥박 수가 빨라지는 등 감염성 질환의 증상을 조기에 발견함으로써 전염병 확산도 막을 수 있다. 또한 헬스 케어는 응급실, 중환자실 및 병실의 모니터링 기기들이 긴밀히 연결되고 실시간으로 관리되면서 환자의 상태가 악화되기 전, 선제 대응이 가능하게 함으로써 병원의 이점을 가져다 줄 수 있다. 병원 내 환자를 중심으로 한 사물인터넷의 세계는 다방면으로 환자를 보다 안전하게 치료하고 진료의 질을 높이는 데 기여할 수 있다.[28]

항상 관리되는 건강

개인의 질병과 건강에 관한 정보는 지금까지 주로 병원에서 생산되고 병원 내부에 보관되었다. 그러나 앞서 이야기한 것처럼 생활 습관과 환경, 정신과 육체와 관련된 사회관계 역시 인간의 건강을 규정하는 데 지대한 영향을 가진다.

스탠퍼드 대학병원의 의료진은 당뇨병 환자에 대한 모니터링 시스템을 구축하여 병원 밖에서도 환자의 건강을 모니터링하는

---

[28] 이종철(2018), 《4차 산업혁명과 병원의 미래》, 청년의사.

연구를 진행했다. 당뇨병 환자들의 복부에 센서를 부착하여 5분 간격으로 실시간 혈당을 측정하는 방식이다. 이 데이터는 휴대폰의 전용 어플리케이션으로 전송되고, 헬스 케어 플랫폼에 저장된다. 이후 이 혈당 데이터는 스탠퍼드 대학 병원의 전자 의무기록으로 전송되어 환자의 건강상태를 모니터링하도록 돕는다. 이때 모니터링된 데이터가 의료진의 진료 프로세스에 자연스럽게 녹아들도록 만드는 것이 매우 중요하다. 특히 환자의 수가 많아질수록 의사 한 사람이 모든 데이터를 담당하는 것이 어려워지기 때문에 인공지능을 이용한 데이터 모니터링을 통하여 의료진이 적절한 시점에 정확하게 환자를 돌볼 수 있게 해야 한다.[29]

심장박동 모니터링은 일반적으로 심장박동수와 관련된 환자의 상태를 평가하는 연속 심전도를 의미한다. 좀 더 정밀하게 심장 모니터링을 하기 위해서는 동맥혈관 안에 센서를 넣어 혈액 역학적 모니터링을 시도해야 한다. 호흡 모니터링은 혈액 내 산소 포화 퍼센트를 측정하거나 이산화산소 농도를 측정하는 것이다. 두개골 내 압력과 같은 신경 추적 모니터링 혹은 뇌파 등을 점검하는 특수 환자 감시기도 있다. 기본적인 혈당 모니터링, 출산 모니터링, 체온 모니터링 등은 지금도 충분히 사용할 수 있는 기기이며 앞으로 더욱 발전할 필요가 있다.

---

29 비피기술거래(2018),《원격의료 그 논란의 속살을 파헤친다》, 비피기술거래.

유전공학, 생물학적 한계를 뛰어넘다

'유전자 편집'이란, 말 그대로 개인의 형질에 관여하는 유전자 염기서열을 수정하거나 다른 염기서열로 대체하거나 추가적인 유전자를 삽입하는 기술이다. 유전자 편집은 직접적인 염기서열 조작을 통하여 각 유전자가 실제 단백질로 만들어지는 모든 단계를 조절할 수 있는, 효과적이지만 위험성 높은 기술이다.

최근 크리스퍼CRISPR 기술이라 불리는 세포의 유전자 조작을 위한 혁신적인 방법이 개발되었다. 크리스퍼 기술은 DNA의 특정 부위를 잘라내 매우 쉽고 정확하게 포유류의 세포 유전자를 조작, 편집하는 것이다. 이 기술이 보다 발전되었을 경우, 우리는 세포 엔지니어링이나 신체 조직의 변조를 실현할 수도 있다.

하지만 이러한 유전자 편집 기술은 종이를 자르고 붙이는 것처럼 쉽게 이루어지지 않는다. 유전자를 편집할 때 무작위적인 오류가 발생하고, 원하는 위치의 유전자를 정확하게 교체하기 어렵기 때문이다. 또한 모든 질환을 유전자 편집만으로 예방하거나 교정할 수 있는 것은 아니므로 유전자 편집 기술에 지나치게 의존해서도 안 된다.

'재생 의료'란 손상되거나 질병이 있는 세포, 조직, 장기의 기능을 정상적으로 회복시키기 위해 이를 대체하거나 재생시키는 분야이다. 화상으로 인한 피부 손상이 광범위할 때 인조 피부로 결손 부위를 덮어 치료하는 것, 뼈 손상 부위에 인공뼈를 삽입하여 기능을 대신하는 것, 손상된 세포가 빠르게 증식할 수 있도록 재생 촉진 약물을 바르는 것 등이 이에 해당된다. 재생 의료는 일반 세포를 이용한 연구도 있지만, 주로 줄기세포를 이용한 연구가 활발하게 이루어지고 있다.

재생의료에 사용되는 줄기세포란 무한한 자가 재생 능력과 다양한 세포로 분화 가능한 능력인 다분화능력을 가진 미분화세포를 의미한다. 분화가 완성된 일반 인체조직세포는 이미 결정된 동일 세포로만 분화되고 증식할 수 있다. 예를 들어, 만약 피부가 손상되면 동일한 피부 세포들로만 재생하면서 상처가 치유되는 것에 그친다. 반면 줄기세포는 특정 조건이나 특정 환경에서 다양한 조직세포로 분화되는 능력이 있어 각종 질병을 치유할 수 있다. 또한 인체조직세포는 대부분 체외 배양 시에 몇 번의 세대를 거치면 더 이상 배양이 불가능하지만, 줄기세포는 제한 없이 계대배양이 가능하다는 특징이 있다.

재생치료에 있어서 줄기세포를 이용하여 조직을 재생하기 위해서는 스캐폴드, 즉 조직을 만드는 데 사용되는 발판 제작을 위하여 3D프린팅 기술과 접목되어야 한다. 같은 모양의 조직을 만들어 동일한 결과가 나오도록 정밀하게 계획된 설계도를 입력한 후, 정교한 3D프린팅을 통해 스캐폴드가 제작되어야 최상의 결과를 기대할 수 있기 때문이다. 이처럼 4차 산업혁명 시대의 '재생 의료'란 줄기세포뿐 아니라 조직 공학을 접목한 다양한 형태 모두를

의미한다.[30]

병원균에 대응하는 약물의 개발도 유전 공학을 이용하여 빠르게 발전하고 있다. 특히 바이러스의 유전자나 단백질의 구조 일부를 이용하여 면역계를 자극하는 백신의 개발이나 바이러스의 단백질을 표적화하여 선택적으로 비활성화하는 치료제의 개발 주기는 점차 빨라지고 있다. 일단 표적이 확인되면, 적절한 효과를 보이는 것으로 알려진 약물 또는 컴퓨터 설계 프로그램을 통해 분자 수준으로 설계된 약물로써 후보 약물을 선택할 수 있기 때문이다. 그렇게 되면 정상적인 면역 반응을 저해하지 않고 질병과 관련된 병적인 면역 반응만을 선택적으로 제어하거나 세포 재생을 이용하여 병적인 면역시스템을 정상적인 면역시스템으로 바꾸는 방법들도 활성화될 수 있다.

집단지성, 초능력이 된다

1998년 앤디 클라크Andy Clark와 데이비드 칼머David Chalmers는 컴퓨터가 우리의 두뇌와 함께 작동하면서 "확장된 두뇌의 역할을 할 뿐 아니라 정보, 이미지 등을 포함하여 기억을 위한 여분의 공간 기능을 수행할 수 있다."고 하였다. 남부 캘리포니아 대학의 교

---

30 이종철, 앞의 책.

수인 테오도르 버거는 뇌에 이식할 수 있는 기기의 형태로 인간의 기억력 향상 장치를 만들기 위해 노력하고 있다. 버거가 연구해 온 기기는 기억과 공간 탐색을 위한 뇌 영역인 '해마' 역할을 수행하는 것이다. 이 인공 장치는 해마처럼 단기 기억을 장기 기억으로 전환하는 신경세포를 자극하여 기능하는데, 실제 원숭이의 전전두엽 피질에 이 기기를 부착했을 때 원숭이의 기억은 향상되었다. 물론 인간의 뇌에는 훨씬 많은 수의 뉴런이 자리하고 있어 이 기술이 인간에게 적확하게 작용될지는 지켜봐야겠지만, 버거의 연구가 성공하게 된다면 알츠하이머나 치매, 뇌졸중 환자 그리고 뇌에 손상을 입은 많은 이들을 도울 수 있을 것이다.[31]

이렇듯 인체에 삽입되는 장치가 인간의 인지 능력과 기억력을 회복시키고 심지어 강화시킬 수도 있다면, 이는 인간과 기계의 통합을 이끌게 될지도 모른다. 또한 분산되어 있는 개별적 지성을 하나의 집단 지성으로 창출하는 측면은 우리에게 가해진 위협을 신속하게 평가하고 목표를 수립하여 적절한 판단을 내리게 할 수 있다. 예를 들어, 멀티브레인 퓨전은 다수의 개인으로부터 수집한 뇌 및 기타 생체 인식 신호를 취합하고 분석하는 기술이다. 이 기술을 활용하면 뇌파 신호 또는 음성이나 표정 등을 통해 사람들 사이에

---

31 "A New Implant is Being Developed for Enhancing Human Memory," 〈BIG THINK〉, 2016.12.2.

공유되는 유용한 정보를 액세스하고 통합함으로써 단일 뇌의 한계를 뛰어넘을 수 있다. 말하자면 여러 사람의 두뇌를 통해 도출된 신호를 자동으로 집계함으로써 '슈퍼 인간 지능'이 만들어지는 것이다.

뇌로 수집된 정보를 전자 형태로 수집하여 처리하는 것이 기실 언어적 커뮤니케이션보다 더 빠를 뿐만 아니라, 더 완전할 수 있다. 이는 여러 사람의 정보를 융합함으로써 결과를 종합해 개별 뇌 신호를 분석해 의사결정에 활용할 수 있기 때문이다.[32]

뇌는 디지털 컴퓨터가 아니라 고도로 발달된 신경망이다. 입력, 출력, 프로세서와 같은 고정된 구조를 가지고 있는 디지털 컴퓨터와 달리 신경 네트워크는 새로운 것을 학습한 후 지속적으로 신경망을 연결하고 강화시키는 뉴런의 집합체다. 뇌는 프로그래밍도 없고 운영 체제도 없으며 중앙 프로세서도 존재하지 않지만 병렬적으로 연결된 거대한 신경 네트워크다. 하나의 학습 목표를 달성하기 위해 1천억 개의 뉴런이 동시다발적으로 활성화되는 것이다. 흥미로운 점은 신경 네트워크가 프로그래밍을 전혀 필요로 하지 않는다는 것이다. 신경 네트워크가 하는 일은 올바른 결정을 내

---

32 Adrian Stoica, Dimitri Zarzhitsky(2012), "MultiMind: Multi-Brain Signal Fusion to Exceed the Power of a Single Brain", 〈2012 Third International Conference on Emerging Security Technologies〉, IEEE, pp. 94~98.

2장 바이러스의 습격, 어떻게 준비해야 하는가?

릴 때마다 관련된 특정 경로를 강화하기 위해 신경 네트워크 자체를 재연결하는 것이다. 어쩌면 이는 보다 복잡다단한 미래 사회에서는 정해진 프로그래밍이 아니라 네트워킹 자체가 중요함을 암시하는 것일지도 모른다. [33]

33 Michio Kaku(2015),《The Future of The Mind》, Anchor Books.

집에서 할 수 있는
질병 예방

어디에서든 가능한 진료

미래에는 환자가 병원으로 찾아가 진료를 받는 것이 아니라, 의료 서비스가 환자가 거주하는 지역사회에서 시행되는 시스템으로 점차 변화되어 갈 것이다. 현재는 병원에 환자의 질병을 진단하고 치료할 의사와 의료기기가 있기 때문에 병원으로 가야 하지만, 미래에는 웨어러블 모바일 헬스 기기와 바이오센서 기기를 통해 환자로부터 그리고 집 안에서 환자와 관련된 대부분의 건강 정보들이 수집되고 클라우드에 저장될 것이기 때문이다. 의사는 환자를 직접 대면하지 않고도 의료 플랫폼을 통해 전달되는 정보로 환자의 건강을 확인하고 진단할 수 있게 되는 것이다.

그렇게 되면 오늘날처럼 진찰을 받기 위해 매번 의사를 만나고 병원에 있는 의료기기를 이용하여 검사한 후에 진단 받는 것이 아니라, 건강 및 질병상태 정보의 대부분을 집 안과 환자 몸에 부착된 모니터링 기기를 통해 얻을 수 있다. 또한 의료 플랫폼에 내장돼 있는 인공지능에 의하여 기본적인 진단이 지속적으로 이루어지고, 변화 또한 꾸준히 관찰할 수 있게 된다. 단순히 의료 수준이 발전하고 기술적으로 편리해졌기 때문에 환자가 병원에 갈 필요가 없는 것이 아니다. 대부분의 정보가 환자와 환자의 집에서 나오고 의료 플랫폼을 통해서 이러한 정보에 접근이 가능하게 되기 때문에 환자를 중심으로 의료서비스가 이루어질 수밖에 없는 환경이 만들어지는 것이다. 즉, 미래 의료의 중심축이 '병원'서 '환자' 혹은 '집'으로 옮겨가는 것이다.

한편 소비자용 전자장치와 건강관리 장비의 경계는 이미 흐려지고 있다. 일반인이 자신에게 맞는 치료약을 고를 수 있도록 돕는 앱이나 소형 포도당 모니터링 시스템과 연결되어 당뇨 환자들과 담당 의사들이 적절한 인슐린 투여량을 결정하는 것을 돕는 앱 등은 이미 개발되어 쓰이고 있다. 이와 비슷하게 현재 개발 중인 장비는 수백 가지가 넘고, 우리의 건강상태를 관리하기 위해 개발 중인 앱도 자그마치 수천 가지에 이른다.[34] 이러한 장비들이 모두 건강관리를 위하여 활용되지는 않겠지만, 멀지 않은 미래에

---

34 비벡 와드와, 알렉스 솔크에버(2017),《선택 가능한 미래》, 아날로그.

일반인이 쉽게 사용할 수 있는 형태로 개발된 장비들이 건강관리에 본격적으로 활용되어 의료서비스와 연결될 수 있는 여건을 제공한다.

이러한 정보를 관리하는 클라우드 서비스 그리고 정보를 이용하여 의료서비스가 이루어질 수 있게 하는 의료 플랫폼이 개발되면 본격적으로 플랫폼 기반의 의료서비스가 가능해진다. 이제 의사는 플랫폼을 이용하여 환자의 질병 상태를 지속적으로 확인하고 상담과 교육 등을 할 수 있다. 예를 들어, 고혈압, 당뇨 등 만성 질환의 혈압이나 혈당 등을 검진하다가 필요하면 대면 진료를 할 수 있지만 많은 경우에 플랫폼을 이용하여 환자의 상태를 진단하고 처방할 수 있다. 의료인 사이에서도 플랫폼을 이용하여 지속적인 교육을 제공하거나 지식이나 기술 자문 등을 할 수 있을 것이다.

기술의 발전과 고령화되는 사회에서 이와 같은 플랫폼 기반의 의료는 의료서비스의 중심이 될 것이다. 무선 환자 모니터링 장치, 스마트폰, 개인용 정보 단말기 및 태블릿 컴퓨터와 같은 모바일 통신 장치를 통해서 집이나 직장과 같은 환경에서 다양한 방식으로 측정한 환자의 의료 데이터는 플랫폼으로 전송된다. 그리고 이 데이터들은 인공지능이 탑재된 의사결정지원시스템에서 분석된 후 적절한 행동개선을 권고하거나 의료 전문가의 진료를 받아보도록 권고하는 메시지를 보낸다. 이러한 의료 플랫폼을 이용한 모니터링을 통해서 사람들은 건강관리를 받으며 질병이 재발하거나 악화되는 것을 방지할 수 있을 뿐만 아니라 질병 발생을 예측할 수도 있다.[35]

그런데 플랫폼을 이용한 의료platform-based medicine와 원격 의료telemedicine는 개념적인 차이가 있다. 원격 의료는 의료정보, 영상 이미지화 및 원격 통신 연결을 활용하여 환자를 직접 만나지 않고도 의사가 먼 거리에서 환자에게 의료서비스를 제공하는 것을 의미한다. 반면 플랫폼 의료에서 가장 중심적인 역할은 대면 진료가 가능한 근거리에 위치한 의료인이 수행한다. 현재 당뇨병, 심장질환, 암과 같은 만성질환 외에 알츠하이머병, 자가면역질환, 그리고 우울증 등 새로운 만성질환이 크게 늘어나고 있다. 이러한 질환들이 늘어나는 이유는 유전적이나 생활습관적 요인뿐 아니라 생리적, 환경적, 사회적 요인들의 영향을 크게 받기 때문이다. 그런데 이러한 요인들은 환자 및 그 주변 환경을 잘 알아야 정확하게 파악할 수 있다. 따라서 플랫폼 의료는 네트워크상의 비대면 의료뿐 아니라 필요한 경우 언제라도 대면 의료를 수행할 수 있는 서비스를 의미하며 지역사회의 일차의료기관을 중심으로 의료협력체계를 이용하여 제공되는 의료를 말한다.

---

35 비피기술거래, 앞의 책.

미래 공동체를 위한 지역사회

미래의 공동체, 특히 도시는 의료가 중심 기반이 되어야 한다. 건강이란 사람이 정상적인 기능을 하는 데 필요한 기본 조건이며 전체 인구수는 감소하는데 노령 인구의 비율은 높아지는 미래 사회가 지속가능한 사회가 되려면 반드시 사람의 건강이 사회 중심 의제가 되어야 하기 때문이다. 기술이 발달하고 인공지능이 인간을 대신하는 시대가 왔기에 인간이 더는 필요하지 않거나 효용성이 없다고 말할 수는 없다. 사회는 인간의 생존과 번영을 위한 틀이고 우리가 미래에 대해 논하고 준비하는 이유는 전 연령대의 인구가 건강하고 활동적이며 더불어 살아가기 위함이기 때문이다. 그러기 위해서 도시 계획을 세우고 미래를 위한 대책을 준비하는 것이다. 특히 빠르게 진행 중인 고령화와 출산 감소, 기후 변화와 온난화 문제 등에 대처하기 위해서는 미래 사회에서는 의료시스템이 중심이 된 도시의 계획이 중요하다.

　플랫폼을 기반한 미래의료시스템에서 가장 중요한 부분은 지역사회의 의료서비스이다. 이를 가상적으로 그려보면 다음과 같다. 주택이나 아파트 등 공동 주거를 하는 건물에는 거주민들의 건강 정보를 알 수 있는 바이오센서 기술이 부착된 가전제품이 있다. 그리고 외부로 나갈 때는 모니터링되는 착용형 전자기기를 착용하기 때문에 실시간으로 개인의 건강 정보가 의료 플랫폼으로 연결되며 이는 지역사회 담당의에게 공유될 수 있다. 거주민에게 건강상의 이상이 생긴다면, 그들을 담당하는 지역사회 담당의에게 대면 진료를 받거나 화상 통화로 검사받고 치료받을 수 있다. 이러한 시스템은 대부분의 만성질환을 성공적으로 관리할 수 있도록 할 것이다. 고혈압이나 당뇨 등의 질환도 실시간 수치를 확인할 수 있기 때문에 적절한 약물치료를 하고 경과를 살펴볼 수 있으며 감기와 같은 가벼운 질병은 대부분 집에서 치료가 가능할 것이다. 커뮤니티 의료서비스의 핵심은 이처럼 지역 주민의 건강을 지속적으로 살피면서 건강관리를 제공하는 시스템이며 질병 자체보다는 지역 주민에게 중심을 둔 의료시스템이다.

물론 지역사회 담당의의 수준에서 관리가 어렵거나 치료가 어려운 질환의 경우에는 전문병원을 방문하여 치료받아야 한다. 즉, 지역사회 주민에게서 발생하는 대부분의 질병은 지역사회 담당의를 통해서 치료가 가능하지만, 수술이 필요한 경우엔 전문병원을 방문하여 치료를 받는다. 그 외에 출산이나 정신질환, 암, 소아 특수질환의 경우에도 전문병원을 방문하여 치료받을 수 있다. 오늘날 2, 3차 의료기관에서 진료나 수술을 받는 질환의 거의 대부분은 사실상 지역사회의 담당의와 전문병원에서 치료받을 수 있다. 오히려 최상급 병원에 찾아가서 진료를 받는 것보다 더 정밀하게 지역사회에서 의료를 제공받을 수 있는 환경을 만들 수 있다.

한편 기술의 발달과 노인 인구 증가로 인한 수요 증가로 신체 기능을 강화하거나 신체장기 일부를 인공장기로 바꾸거나 재생시킬 수 있는 의료 또한 발달할 것이다. 대학병원 혹은 최상급 병원의 경우는 중증질환, 희귀질환, 그리고 고난도 수술 외에도 이와 같은 기능 강화, 재생 및 이식의료를 담당하는 미래형 의료기관으로 변화하게 될 것이다. 최상급 병원은 지역사회 담당의사의 일차의료와 전문병원의 전문질환 의료서비스의 상위 단계로 미래의료기술 중심의 의료기관이라 할 수 있다.

이러한 플랫폼 의료의 기반을 만들어가는 국가들이 있다. 에스토니아의 경우, 이미 2000년대 초반부터 의무기록 전자화를 시행하고 환자들의 건강 정보를 사이버 공간에 저장하고 공유하는 시스템을 구축했다. 기존의 부문별 보건 계획 및 개발 전략을 다양한 이해당사자의 의견을 모아서 하나의 계획으로 통합한 것이다. 에스토니아 개혁의 한 가지 목표는 중앙집권적이고 국가가 통제하는 시스템에서 분권적이고 자율적으로 운영되는 시스템으로 전환하는 것이었다. 우선적인 의료 개혁은 병원 진료에서 벗어나 지역사회에서 가족 주치의 서비스를 통한 보편적인 의료를 제공하는 것을 목표로 했다. 그리고 모든 건강 관련 데이터베이스를 하나의 정보시스템으로 통합하여 접근할 수 있는 플랫폼 의료시스템을 구축하고자 하였다. [36]

36 Habicht T et al.(2018), "Estonia: Health System Review", 〈Health Systems in Transition〉, 20(1): 1~189.

핀란드는 전자처방전 시스템에서 출발해, 상당히 발전된 형태의 의료 플랫폼을 구축하고 있다. 1995년 지역 차원에서 전자 의료 관리를 모색하여 2002년에 최초로 전자 처방 시험 프로그램인 칸타 서비스kanta service를 시작하였다. 환자의 의료 데이터를 모두 이곳에 보관하기 때문에, 핀란드 내 모든 공공의료기관과 전자처방전을 이용하는 업체는 모두 의무적으로 이 시스템을 사용해야 한다. 칸타 서비스는 환자에게 개인정보 접근과 정보 제공 동의에 관한 관리 권한을 부여하고 있다. 환자의 승인하에 건강관리 앱과 연동하여 개인의 건강을 모니터링할 수 있고, 의사는 진료 시에 이를 활용할 수 있다.37 에스토니아와 핀란드 사례의 차이점이라면, 에스토니아는 엑스로드라는 국가 정보 관리 시스템 속에 의료를 포함한 것이고, 핀란드는 전자처방전에서부터 시작해 의료 전문 플랫폼 기반의 칸타 서비스를 만든 것이다.

기본적인 미래 의료서비스의 방향은 환자의 병력, 검사결과, 투약 정보, 나아가 다양한 건강 관련 관리 정보의 상호 연결을 바탕으로 소비자 중심인 동시에 신뢰할 수 있는 서비스를 제공하고 맞춤형 건강관리형태로 나아가는 것이다. 이러한 의료서비스에는 유

---

37 HanneleHypponen, PaiviHamalainen, JarmoReponen(eds.)(2017), 《E-health and E-welfare of Finland Check point 2015》, National Institute for Health and Welfare.

전정보 및 생활습관 분석을 통한 질병 예측, 생체현상 감지기술, 이상신호 측정 및 알림, 만성질환 모니터링 서비스 등이 포함될 것이다. 의사의 진료는 대면 혹은 비대면으로 이루어지고 이를 지원하는 시스템에는 인공지능이 정보를 분석하여 제공하는 등 양질의 서비스를 제공할 수 있는 다양한 기술들이 들어가게 될 것이다. 따라서 임상적 유효성 및 안정성이 확보된 건강 서비스를 제공하고, 과학적 근거 기반의 질병 예방과 건강검진을 수행하는 등 의료 서비스가 안전하면서도 적절하게 이루어지게 될 것이다. 이를 바탕으로 맞춤형 건강관리가 제공되어 자신의 건강 관련 정보를 이용해 스스로 건강관리를 할 수 있게 도와주면서 각종 건강 관련 정보가 인공지능 기반으로 분석되어 그 개인에 가장 적합한 건강관리, 즉 생활습관 개선 지침을 제공할 뿐 아니라 각종 검진과 진료 예약 등의 서비스와 함께 치료 서비스 또한 개인 맞춤형으로 제공하게 된다.

치료하기 어려운 질병 때문에 동네의원에서 전문병원이나 최상급 병원으로 가야할 경우에도 의료 플랫폼을 이용하여 진료의 연속성을 충분히 확보할 수 있다. 이 경우 지역사회 의료진은 상위 병원 시설과 장비를 직접 이용하거나 병원 의료진과 협력하여 환자를 치료하게 될 것이다. 환자 치료에 대한 정보는 의료진을 서로 연결하는 의료 플랫폼을 통해 충분히 공유되고 이 정보를 이용해 최종 판단함으로써 정확할 뿐 아니라 지속적이고 포괄적인 치료가 가능해진다. 따라서 환자의 정보가 가정에서부터 병원까지 공유되고 플랫폼을 통해 가정에서부터 병원까지 건강관리가 연속적으로 이어지는 포괄적 의료가 이루어질 수 있다.[38]

　사실 지금까지는 병원의 의무기록 외에는 개인의 건강 정보가 체계적으로 수집되고 관리될 방안이 없었다. 한 사람이 한 병원만 다니는 것도 아니어서 한 사람의 임상 정보가 병원마다 분산되어 조각난 형태로 존재한다. 심장질환의 정보는 이 병원에, 종양 관련 기록은 저 병원에 있는 식이다. 플랫폼 의료서비스가 제대로 이루어지기 위해서는 지역사회 담당의를 중심으로 이루어지는 임상정보와 전문병원 및 최상급 병원의 모든 데이터를 서로 연결하기 위한 의료기관 간 정보의 교환이 필요하다. 이를 위해서는 개인정보 보호 및 보안 문제를 해결하면서 정보 교환의 표준을 만들어 나가고, 이를 통해 각 병원의 전자의무기록을 전자건강기록으로 통합해야 한다. 여기에 개인의 생활환경 정보까지 더해져 개인건강기록이 만들어진 후, 이를 클라우드에 올리고 의료 플랫폼을 통해 서비스가 제공되는 것이 바람직하다. 각 개인의 건강상태를 제대로 설명하기 위해서는 임상 및 유전체 정보, 생활환경 정보들을 환자 중심이나 개인 중심으로 모아서 통합적으로 분석할 수 있는 환경을 만들어야 하기 때문이다.

38　홍윤철, 앞의 책.

앞으로 환자 관리는 의료시설 밖에서 수집한 데이터까지 포함하는 통합적 데이터 관리를 바탕으로 하게 될 것이며, 이 데이터를 활용해 개인 맞춤형 서비스를 제공하게 될 것이다. 따라서 병원과 같은 의료시설 밖에서 효율적이고 효과적인 데이터 수집을 가능하게 하는 시스템도 구축되어야 한다. 특히 사물인터넷 기술 기반의 헬스 케어 모니터링 데이터가 의료시설에서 수집된 데이터와 통합적으로 수집되는 체계를 만들어야 한다. 즉, 의료서비스와 정보통신기술의 융합으로 언제 어디서나 환자와 의료진이 상호 소통하는 의료서비스 시스템을 구축하고, 나아가 환자의 건강 정보를 수집하여 효율적으로 관리함으로써 개인 맞춤형 건강관리 및 의료서비스 환경을 제공할 수 있을 것이다. 결국 맞춤의료, 정밀의료의 궁극적인 지향점은 병원 진료나 유전 정보뿐만 아니라, 생활습관과 생활환경 등 병원 밖에서의 개인건강 정보를 모두 통합하여 개인적 특성에 최적화된 진단과 치료를 제공하는 것까지 포함하는 것이다.[39]

---

39 이종철, 앞의 책.

모두에게 있는 전담 주치의

환자의 진료 경로는 환자가 보건시스템과의 첫 접촉부터 시작해서 치료가 종결될 때까지 거쳐야 하는 과정을 말한다. 보건시스템과 접촉하는 첫 번째 지점은 지역사회 간호사이거나 환자가 등록되어 있는 지역사회 담당의이다. 담당의는 환자의 상태를 판단하여 직접 치료하기도 하지만 특수한 진료가 필요하거나 응급상태로 판단될 때에는 전문 의료를 담당하는 병원에 환자를 의뢰한다. 중환자이거나 재생, 이식과 같은 고도의 기술을 요하는 경우에는 고난이도 치료를 담당하는 최상급 병원에 의뢰한다. 환자도 경우에 따라 (예를 들어, 출산이나 골절 혹은 안과나 정신과 그리고 감염성 질환과 같은 경우는) 담당의를 거치지 않고 직접 전문병원에서 진료를 받을 수 있게 하는 것이 바람직하다.

지역사회 담당의는 일정한 인구수를 대상으로 주치의로서 책임 진료를 하는 의사를 말한다. 지역사회 담당의제도를 이미 두고 있는 영국의 경우 2018년 기준으로 인구 1천 명당 의사의 비율이 2.85명인 것으로 보아, 의사 1인당 대략 300여 명의 인구를 담당하고 있다.[40] 비교적 오랜 경험을 가지고 있는 영국의 예를 참조한다면, 한 명의 의사가 담당하는 인구수는 300명 정도로 하고 일정한 수의 상한선을 두는 것이 바람직할 것이다. 이 인구수에 도달하

---

40 OECD 통계 사이트.

게 되면 추가로 의사를 고용하여 협업을 유도하고 의료서비스의 질이 유지되도록 한다.

한편 환자들은 담당의와 계약을 하여 주치의를 정한 경우라도 언제든지 담당의를 바꿀 권리가 있다. 담당의 역시 최대 제한등록 인원을 넘거나 거주지가 해당 담당의의 서비스 구역이 아닌 경우에 주치의 등록을 거부할 수 있다. 그러나 신청자의 가족 구성원이 목록에 이미 포함되어 있는 경우 (예를 들어, 산모와 신생아) 같은 목록에 등록되는 것이 바람직할 것이다. 지역사회 간호사의 역할 역시 커뮤니티 의료서비스 수행에 있어 매우 중요하다. 앞으로 만성 질환자, 임산부, 건강한 신생아를 관리하는 데 있어 지역사회 간호사의 역할과 책임은 더욱 커질 것이다.[41]

지역사회에서 책임의료를 시행하게 되면, 담당의사의 역할은 질병 관리자의 역할을 넘어 건강 증진과 질병 예방에 더욱 초점을 두는 역할로 바뀌게 된다. 이를 위해서는 담당의가 맡고 있는 인구 집단의 건강에 영향을 줄 수 있는 요인들을 잘 이해하고, 그 영향을 줄여줄 수 있도록 노력해야 하다. 특히 담당하고 있는 지역사회에서 유행하는 질병에 대한 조사와 관리를 할 수 있어야 한다. 질병을 예방하는 것이 발생된 질병을 관리하는 것보다 훨씬 중요하기 때문에 담당의사의 업무 평가 및 보상에 있어서도 질병 예방의

---

41 Habicht T et al., op. cit.

성과가 높게 반영되어야 한다. 이러한 성과는 사회가 부담해야 하는 의료비용을 낮추는 데에도 크게 기여할 것이다. 따라서 담당의는 개인과 인구집단의 건강에 영향을 미치는 지역사회의 요인들을 이해하고 개선하기 위해 노력해야 한다.

담당의는 단순히 주치의의 역할을 넘어 지역사회의 리더로서 역할을 하는 것이 바람직할 것이다. 의사들은 건강시스템을 개선할 수 있는 능력을 가진 전문가라는 점에서 변화를 만드는 역할을 주도적으로 해야 한다. 한편 이를 위해서는 의사를 양성하는 의학교육 커리큘럼에 인문학과 윤리학 및 가치 체계, 리더십 등의 교육을 추가하여 의사가 지역사회를 건강한 사회로 이끌어갈 수 있는 역량을 갖추게 하는 것도 중요하다.[42]

바이오센서를 통한 예방

집에서 우리가 사용하는 가구나 설비와 기기 등이 스마트하게 변하여 현재의 기능 외에 의학적인 검사와 건강 모니터링을 할 수 있는 장치가 될 수 있다. 또한 이러한 장치들은 집 안에서 사물인

---

42 British Medical Association(2017), 《The Changing Face of Medicine and the Role of Doctors in the Future Presidential Project 2017》, Britsh Medical Association.

터넷 기능으로 서로 연결될 뿐 아니라 집 밖의 모니터링 장치들과도 데이터 교환이 이루어지게 될 것이다.

집을 건강관리 데이터를 생산하는 장소로 획기적으로 만들 수 있는 도구로 '스마트 거울'을 들 수 있다. 거울은 사실 8000년 전에 만들어져 매우 중요한 문명적 도구의 역할을 해왔고, 신체 특히 얼굴을 들여다보는 유용한 도구였다. 이제는 스마트하게 되어 건강상의 변화를 찾아내고 질병의 변화를 점검하며 또한 치료에 대한 반응을 볼 수 있는 기능을 갖춘 도구로 변화될 수 있다. 얼굴의 표정을 통하여 기분이나 정신 건강도 점검할 수 있고 그 결과를 자신뿐 아니라 의료 플랫폼을 통하여 담당의에게 필요한 경우 알려줄 수도 있을 것이다. 거울은 체온은 물론 체표면 혈관을 평가해 맥박을 알 수 있고 그 기능이 더욱 발전하여 안구 속의 망막혈관을 체크해 동맥경화, 고혈압, 당뇨병의 진행상태를 알 수 있는 기능도 갖추게 될 것이다.

화장실의 변기가 스마트하게 되면, 집 특히 화장실은 사실상 의료시설의 하나가 될 수 있다. 집에 있는 화장실은 대부분의 사람들이 정기적으로 사용하기 때문에 거의 매일 소변이나 대변 등 건강상태를 알 수 있는 생물학적 시료를 얻을 수 있다. 화장실 변기에 소변이나 대변에서 얻어지는 DNA나 미생물 또는 인체대사물을 분석할 수 있는 분석 장치를 설치하게 되면 이러한 시료가 매일 분석되고 그 결과가 의료 플랫폼에 전송되어 중요한 건강 정보를 매일 확인할 수 있게 될 것이다. 바이러스 전염병이 유행하는 경우에는 화장실의 변기를 이용해 대변이나 타액에 들어있는 바이러스 유전자 검사를 할 수도 있고 이를 통해 감염의 전파를 차단할 수 있는 정보를 얻을 수도 있을 것이다.

침대 역시 건강을 관리하는 데 매우 중요한 도구가 될 수 있다. 노인과 환자에게 침대는 하루 중 상당히 많은 시간을 보내는 장소이고 또 중요한 건강관리 및 안전에 관한 정보를 얻을 수 있는 곳이다. 예를 들어, 수면상태를 점검할 수 있고 움직임을 분석해 낙상을 예방할 수도 있다. 또 영상분석기능과 언어인지능력을 탑재하여 응급상황을 의료진이나 돌봄제공자에게 신속히 알려줄 수도 있다. 인구의 노령화가 가속적으로 진행되면서 스마트 침대는 그 필요성이 매우 커질 것이다.

이렇게 집에 설치되는 기기나 장치 외에도 실생활에서 바이오센서는 매우 다양하게 응용된다. 한 개인이 하루에 얼마나 걷고 운동하는지, 열량은 얼마나 섭취하는지, 혈압과 심박동수는 얼마나 되는지 등과 같은 정보가 각자 가지고 있는 스마트폰이나 생활공간에 설치된 바이오센서를 통해 실시간으로 얻을 수 있다. 이를 기반으로 개인의 생리학적, 병리학적 변화를 인식해 의료 플랫폼에 전송함으로써 그 사람의 생활습관 및 건강상태가 지속적으로 관리될 수 있다.

예를 들어, 신체 피부 내에 혈당이나 대사물을 지속적으로 측정할 수 있는 소형 모니터링 기기를 넣어서 지속적으로 건강상태를 점검하게 된다. 또한 내쉬는 호기를 분석하여 혈중 알코올 농도를 알 수 있고 구취를 분석함으로써 건강상태를 점검할 수도 있다. 체온이나 호흡수를 측정하는 기기는 감기나 호흡기 감염을 조기에 인식하거나 질병의 경과를 점검하여 그 사람에게 경고를 줄 수 있고, 담당의에게 정보를 전달하여 적절한 조치를 취하도록 할 수 있다. 이러한 정보를 사용하면 전염병의 유행을 조기에 발견하거나 차단하는 데 활용할 수도 있다.

바이오센서는 암과 같은 심각한 상태를 감지하는 것뿐만 아니라, 유해물질 검출이나 단백질 혹은 대사물질 측정으로 건강상태를 예측하는 등 다양한 진단 방식에 활용할 수 있다. 예를 들어, 피부에 붙이는 바이오센서는 환자의 땀이나 소량의 체액을 이용하여 화학적 분석을 할 수 있다. 특히 심혈관계질환을 검사하기 위한 휴대용 기기, 그러면서도 정확하고 빠르며 비용도 저렴한 바이오센서에 대한 개발이 활발하게 이루어지고 있다. 이러한 바이오센서가 의료서비스에 실제 적용된다면, 심혈관질환의 조기 진단에 큰 역할을 할 수 있을 것이고 환자들의 병원 방문 횟수는 물론, 진단에 필요한 검사 횟수를 줄여 비용 절감 효과도 기대할 수 있다.[43]

이와 같은 거울, 변기, 침대 및 여러 가지 바이오센서를 이용한

---

43 R&D정보센터(2018), 《스마트헬스산업 유망 기술별 동향분석》, 지식산업정보원.

점검은 일상생활에 자연스럽게 녹아들어 이루어지기 때문에 특별하게 인식되지 않으면서도 자동적이고 연속적으로 이루어질 수 있다. 이렇게 얻은 개인 정보들은 의료 플랫폼에 전송되고 분석되어 신체에서 이상 신호가 발생하는 경우, 자신과 담당의에게 즉각적으로 정보가 제공됨으로써 적절한 의학적 조치를 취할 수 있게 된다. 결국 건강관리에 필요한 의료정보가 집을 중심으로 만들어지고 따라서 집이 의료의 중심으로 변하게 된다.

인터넷 약국의 출현

자동적인 모니터링과 바이오센서를 통해 알게 된 환자의 건강 정보는 더 이상 병원을 직접 방문할 필요 없이, 대부분의 건강 문제를 집에서 관리할 수 있도록 한다. 비교적 간단한 처방은 진료지원 시스템에서 제공하는 전자처방전과 함께 여러 생활 지침이 자동으로 환자의 정보 단말기로 들어가게 되고 대부분의 건강문제는 대면 진료를 하지 않아도 주치의의 승인을 얻은 후 처방과 함께 필요한 약제가 집으로 자동 전송된다.[44]

　　2013년 미국에서는 정기적으로 약을 배달해주는 회사인 필팩 Pillpack이 만들어졌다. 필팩은 의사에게 환자의 처방을 받아 환자가

44　홍윤철, 앞의 책.

복용하는 약의 종류와 개수, 일정을 확인한 후에 약을 집 앞으로 배송해주는 '약 배달회사'이다. 환자가 온라인을 통해 의사에게 처방받고, 약사와 화상상담이나 팩스, 인터넷 등으로 처방약을 주문하여 약을 배송 받는 인터넷 약국이 생긴 것이다.[45] 미국의 필팩 외에도 온라인상으로 약을 주문, 배달 받을 수 있는 서비스가 이미 여러 나라에서 시작되었다. 유럽의 경우, 영국과 독일, 네덜란드, 스웨덴, 스위스 등에서 이와 같이 온라인으로 의약품 거래를 할 수 있다.

영국은 2004년부터 인터넷 약국 개설을 허용해왔으며 200만 명 이상의 소비자가 의약품을 정기적으로 구매하고 있다. 독일 또한 2004년부터 의약품 통신 판매를 시작하였다. 특정 처방 약품은 통신 판매를 할 수 없지만, 그 외의 약품은 온라인 주문이 언제라도 가능하다. 일본의 경우, 1998년 말부터 팩스를 통한 의약품 거래를 허용했다. 약국 방문이 어려운 환자가 처방전을 약국에 팩스로 송신하면, 그에 따라 약을 조제해 환자의 집에 방문하여 전달하는 것이다.[46] 2018년에는 원격 의료서비스가 장기요양보험 수가에 반영되는 등 온라인 의료가 현실화되면서 온라인 복약 지도도 허용되었다. 약사가 화상통화를 통해 환자에게 복약 지도를 하

---

45 https://www.pillpack.com/how-it-works
46 이종인(2009), 〈의약품 인터넷 거래 규제에 관한 연구〉, 한국소비자원.

고 약은 자택으로 배송할 수 있게 된 것이다.[47]

이처럼 인터넷을 이용한 약물의 온라인 판매는 편리성이 있지만 의사의 처방 없이 구입하는 것은 안전성에 심각한 문제가 초래되므로 신중하게 진행되어야 한다. 따라서 약물의 처방과 전달은 보건의료서비스의 체계에서 철저하게 관리되어야 한다. 온라인 서비스가 되는 경우에도 처방 약물을 구입하는 경우에는 의료 플랫폼을 이용해 의사의 처방을 받고 약사의 판매가 이루어지게 해야 한다.

한편 최근 약물 전달의 개선을 위한 연구도 활발하게 이루어지고 있다. 피하주사와 알약 등 전형적인 약물 전달방식은 침습적이거나 정밀하게 제어하기에 어렵기 때문에 효과를 높이고 부작용을 줄일 수 있는 새로운 약물 전달 방법을 찾고 있는 것이다. 조직이나 세포, 생화학적 반응을 감지할 수 있는 바이오센서를 기반으로 한 약물 전달 방법은 이러한 문제들을 상당히 해결할 수 있을 것으로 보인다. 예를 들어, 마치 호르몬과 같이 인체 내에서 자연스럽게 생성되고 작용하는 방식으로 약물을 조직이나 세포에 전달한다면 부작용은 줄이고 효과는 높일 수 있다. 인체에서 일어나는 생체반응을 정확하게 감지할 수 있는 바이오센서와 미세가공

---

47 "일본 약국은 지금 '혁명중' … 드라이브스루에 처방약 오토바이 배달까지", 〈메디게이트뉴스〉, 2018년 12월 7일.

기술이 융합되어 개발된다면 이와 같은 약물 전달이 가능해질 것이다.[48]

더 나아가 약물 투여와 건강상태 점검을 동시에 하려는 시도도 이루어지고 있다. 위 속에 오래 머물면서 약물을 분비하고, 생리학적 모니터링을 수행한 후 소장으로 내려가 안전하게 몸 밖으로 배출되는 의료용구는 이미 개발되었다. 이 기구는 탄성 재질로 돼 있어 캡슐 안에 압축시킬 수 있고, 이것을 약 먹듯이 삼키면 위 안에서 팽창돼 머물며 정해진 시간 동안 약물 분비 등의 기능을 수행하게 된다. 이 기구는 간단하게 삼키기만 하면 되는데, 안에 전자 센서를 부착해 지속적인 약물 분비, 질병 진단과 관찰 등 여러 가지 의료 기능을 동시에 수행할 수 있다.[49] 이제 약물 투여는 치료의 목적에 그치지 않고 경과를 관찰하고 건강상태를 관리하는 데까지 이르고 있는 것이다.

---

48 R&D정보센터, 앞의 책.
49 "위에 오래 머무는 '삼키는 캡슐'", 〈사이언스타임즈〉, 2015년 12월 3일.

면역력을 키우는
사회가 되다

공동체를 구할 수 있는 방법

공동체의 가장 작은 구성원은 개인이다. 개인이 모여 그룹이 형성되고 공동체가 만들어진다. 개인과 공동체 중 무엇이 우선인지에 관한 논의는 꾸준하게 있지만, 이 질문은 닭과 달걀 중 무엇이 먼저인지 묻는 것과 같다. 한두 사람이 모여 삶을 공유하며 살아가면 그 자체가 이미 공동체를 이룬 것이고, 이와 같이 공동체는 개인들이 모인 집합이라고 볼 수 있다. 한편 이렇게 공동체를 이루게 된각 개인이 가족이라는 공동체에서 출생되었다는 점은 선후 또는 상호 간의 중요도를 비교하기 어렵게 한다.

1990년대 초, 사회에 만연한 과도한 개인주의를 개선하고자 하는 취지로 아미타이 에치오니Amitai Etzioni와 윌리엄 아서 갈스턴

William Arthur Galston이 공동으로 설립한 '책임 있는 공동체주의자 Responsive Communitarian'는 각 사람은 자신의 가족, 공동체 및 사회에 대한 책임을 가지고 있다고 주장한다. 다시 말해, 지나친 자유가 아니라 자유와 사회적 질서 간의 균형을 갖출 것을 주장하고 있다.

이들은 개인과 사회의 번영을 위해서는 사회적 결속을 유지하는 것이 필수적이라고 하면서 사회가 개인의 자유를 존중하고 개인 스스로가 삶의 자치권을 갖는 것을 인정하듯이 각 개인도 사회적 규범체계를 존중하고 지켜야 한다고 주장하였다. 자유주의자들은 사회적 규범을 강조하는 것이 개인의 자유를 침해한다고 보지만, 공동체주의자들은 사회적 규범을 지키는 것이 사회가 지향하는 선을 이루는 것이라고 생각한다.

한편 이러한 갈등을 해소하기 위해 각 개인의 자유를 존중하되 어떤 개인이 사회적 규범을 위반할 때에는 그에 따른 사회적 비용을 지불하게 하는 것이 개인의 자유를 보장하면서도 사회의 선을 지키는 방법으로 제안되기도 하였다. 따라서 오늘날의 공동체주의는 과거의 전체주의와는 달리 개인의 자유와 권리를 묵살시키는 방법으로 공동체의 선을 지키라고 주장하지는 않는다. 사회의 모든 굴레에서 동떨어져 어떠한 사회적 제제도 받지 않고 오직 자유와 개인의 권리를 누리는 방식이 아니라, 사회의 규범과 규칙 안에서 자치권을 가지고 공동체의 일원으로 살아가는 방식이야 말로 오늘날 위기에 빠진 공동체를 구할 수 있는 방법이라는 것이다.

예를 들어, 2020년 초에 본격화된 코로나19 감염병이 최초 발생지였던 우한시를 넘어 중국은 물론, 한국을 비롯하여 세계로 퍼져가고 각 나라에서 지역사회 유행을 가져왔을 때, 개인의 자유를 어디까지 보장하고 제한할 것인지 그리고 개인이 만났던 사람, 다녔던 장소, 했던 일들을 어느 정도 자세하게 대중에게 알릴 것인지의 문제가 제기되었다. 실제로 중국에서는 지역사회 전체를 봉쇄하여 개인의 자유를 전면적으로 제한하였고, 한국에서는 개인의 행적과 동선을 자세히 대중에게 공개하면서 전염병의 유행을 차단하는 데 성공하였다. 이러한 개인 자유의 제한은 전염병 차단에 효과적이기 때문에 공동체 전체 구성원에게는 커다란 이익이 된다. 그러나 자유의 제한은 개인이 가진 기본권에 대한 침해이기 때문에 이로 인한 경제적 손실과 정신적 피해도 적지 않았을 것이다.

결국 개인도, 공동체도 어느 것이 먼저 우선시 될 수는 없다. 다만 공동체를 구성하고 공동체를 유지, 발전시킬 수 있는 개인이 있어야 공동체가 형성되고 지속될 수 있는 것이다. 즉, 활기차고 역동적인 공동체가 만들어지려면 기본적으로 건강한 개인이 있어야 한다. 그러한 맥락에서 공동체를 구성하는 개인의 건강은 그 목적이 각 개인의 삶을 이루기 위한 조건에 그치지 않고 공동체 지속 가능성의 전제 조건이 되는 것이다. WHO에서 정의한 '건강한 상태'는 정신적으로나 신체적 그리고 사회적으로 충분히 기대되는 역할을 하는 상태이다. 이와 같이 건강의 개념은 정신과 신체같이 개인적인 개념이기도 하지만 사회적 역할과 같이 공동체적인 개념이기도 하다. 역사적으로도 건강하지 않은 개인들이 건강한 공동체를 만들었다는 사례는 찾아볼 수 없다. 반면에 구성원들이 건강을 잃게 되면서 공동체의 위기를 가져온 일은 역사를 통해 드물지 않게 확인할 수 있다.

우선 로마의 사례부터 살펴본다면, 로마의 쇠퇴는 두 차례에 걸친 전염병과 정치적 불안정기를 거치면서 이루어졌다. 그 시작인 안토니우스 역병Antonine Plague은 서기 165년부터 로마 전 지역을 휩쓸기 시작했다. 마르쿠스 아우렐리우스Marcus Aurelius Antonius 황제 재임 시절 발병한 이 전염병은 사회적으로나 경제적으로 큰 영향을 미쳤을 뿐 아니라 궁극적으로 로마가 쇠퇴의 길로 접어들게 된 사건이 되었다. 왜냐하면 천연두라고 생각되는 이 전염병으로 인구가 급격히 감소되었기 때문이다. 제국 인구의 2퍼센트에서 3분의 1 이상, 즉 150만 명에서 2,500만 명으로 추정되는 사람들이 사망했고, 그 피해는 172년에 군대의 인력난이 극심해지면서 정점을 찍었다.

그리고 이러한 인구 감소는 곧 경제적인 위기를 불러일으켰다. 특히 밀 등의 농산물 가격이 가파르게 상승했는데, 인력 부족으로 생산성이 크게 감소한 탓이었다. 결과적으로 안토니우스 역병은 로마 제국 체제의 뿌리를 흔드는 재앙이 되었다. 물론 이 전염병만으로 로마가 쇠퇴의 길을 간 것은 아니었다. 인구 감소에 따른 사회 변화가 회복되기도 전에, 또 한 차례의 전염병이 249년 로마를 다시 강타했고 이에 더해 군인 황제 시기의 잦은 왕권 교체를 겪으며 정치적으로도 큰 혼란이 이어졌다. 이에 로마는 거대한 영토를 감당하지 못해 둘로 나뉘는 결과를 맞게 된 것이다.[50]

이러한 사례는 남아메리카의 잉카 제국과 아즈텍 제국의 멸망에서도 볼 수 있다. 남아메리카의 찬란한 고대 역사를 지닌 두 제국이 순식간에 외부의 침략에 의해 멸망한 것은 너무도 잘 알려진 사실이다. 아즈텍 제국은 유럽인들이 가지고 온 천연두 바이러스에 대한 면역이 없었기 때문에, 곧 전염병에 의한 대량 학살이 시작되었다. 1520~1521년에 발생한 천연두는 인구를 휩쓸었고, 아즈텍 제국의 몰락에 결정적인 타격을 주었다.

이후 1545년과 1576년에 연달아 발생한 전염병은 스페인 군대가 다른 무력 활동을 하지 않아도 세력을 넓히며 정복해가는 데 결정적인 역할을 하였다. 고고학자 윌리엄 샌더스William Sanders는 당시 사망 추정치를 90퍼센트로 보았으며, 이는 수치로만 보더라도 공동체의 실질적인 멸망을 의미한다.[51] 잉카 제국도

---

50 Kyle Harper(2017),《The fate of Rome》, Princeton University Press.

51 https://en.wikipedia.org/wiki/Aztecs

아즈텍 제국과 비슷한 수순을 밟았다. 그 전염병의 위력이 아즈텍 제국만큼 강력하지 않았지만, 장티푸스나 홍역, 천연두가 이들 지역으로 옮겨지면서 많은 주민들이 사망했다. 그로 인해 잉카 제국의 국력이 약화되었고 스페인 군대와의 전쟁을 끝으로 몰락하게 된 것이다.[52]

유럽의 팽창주의가 위세를 떨치던 16세기, 아메리카 원주민들 또한 유럽 대륙에서 넘어온 전염병으로 무수히 많은 사람들이 생명을 잃었다. 평균적으로 부족 전체의 25~50퍼센트가량의 구성원이 사망했고, 부족 자체가 소멸한 경우도 많았다. 자연적인 면역력이 없던 원주민들은 전염병이 확산되면서 가족이라는 좁은 범위뿐 아니라 부족 공동체 구성원의 삶, 문화, 경제, 권력 등이 무너지는 것을 목격할 수밖에 없었다. 멕시코는 2,500만 명에서 3,000만 명으로 추정되는 인구가 300만 명으로 줄어들었고, 1520년까지 70만 명이 살았던 플로리다는 1700년에 이르러서는 그 수가 2,000명으로 줄어들어 있었다.[53,54]

이들의 죽음은 앞서 말했듯이 개인의 삶이 끝나는 것에 그치지

---

52 https://en.wikipedia.org/wiki/Inca_Empire
53 https://en.wikipedia.org/wiki/Native_American_disease_and_epidemics#cite_note-NielsenKE-4.
54 Nielsen(2012),《A Disability History of the United States》, Beacon Press.

않고 사회 전체적으로 영향을 끼쳤다. 전염병으로 인한 인구의 대량 손실은 곧 공동체의 기반을 약화시키기 때문이다. 구성원의 수가 줄어들자 지역사회를 이끌어갈 사람의 절대다수가 사라졌고, 농사를 짓거나 사냥을 할 사람, 가족을 꾸려 아이를 낳고 돌볼 사람, 나아가 환자나 노인을 보호하고 돌볼 수 있는 가족 구성원이 사라지는 결과를 낳았다. 이러한 결과는 건강이 개인의 삶이나 공동체의 기반을 유지하고 발전시키는 데 가장 중요한 전제조건이라는 것을 다시 한 번 확인시켜준다.

개인과 공동체를 위한 건강도시

지금까지 사회는 공동체의 유지와 발전을 목표로 하면서 공동체를 구성하는 개인의 일탈을 막기 위하여 개인의 행동을 규제하는 법과 제도를 통해 사회를 이끌어왔다. 궁극적으로 공동체를 구성하는 각 사람보다는 공동체를 유지하기 위한 권력과 체제를 위한 사회였다고 할 수 있다. 한편 공동체를 유지하는 데 있어서 공동체를 구성하는 개인의 생명과 건강이 중요하다고 인식하기 시작한 시점은 18세기 산업혁명 이후라고 할 수 있다. 18세기 산업혁명 당시 콜레라와 같은 전염병이 크게 늘어나자, 영국 각 시市의 여러 부서에서는 이에 대한 대책을 찾기 시작했다.

이러한 대책 중 하나가 상하수도를 설치하여 위생도시를 만들자는 에드윈 채드윅의 계획이었다. 사실 채드윅이 위생도시의 필요성을 강조했던 이유는 건강 자체의 중요성보다는 공리주의적 목적 때문이었다. 채드윅은 "최대 다수의 최대 행복"을 주장했던 공리주의자 벤담의 제자였고, 최대 다수의 행복을 이루기 위해서는 당시 사회 발전을 이끄는 세력으로 등장한 신흥자본가들의 이익을 지키는 것이 옳다고 판단했던 것이다.

그는 자본가들의 이익을 지킨다면 그들이 고용하는 노동자들의 이익도 함께 챙길 수 있기 때문에 최대 다수의 최대 행복을 이룰 수 있을 것이라고 생각했다. 그리고 자본가들이 이익을 얻고 행복하기 위해서는 건강한 노동자들이 필요했고, 이를 위해서 공장법과 노동법이 만들어져야 한다고 주장하였다. 이렇게 보면 "노동자를 건강하게 하자."의 실상은 노동자들이 병들지 않도록 하기 위해 사회시스템을 고치자는 실용적인 맥락에서 주장되었다고 할 수 있다.

한편 공리주의, 더 나아가 사회주의와 같은 공동체적 이익을 우선시하는 사고가 발전하였지만, 한편에서는 '보이지 않는 손'이 지배하는 자유시장경제를 바탕으로 하는 자본주의가 꽃을 피워가고 있었다. '보이지 않는 손'은 실제로는 만능의 손은 아니어서 통제되지 않은 자본주의는 생산과 소비의 괴리 그리고 자본가와 노동자 계급의 갈등을 초래했고 이는 정치적인 갈등과 국가 간의 대결 양상으로 나타나 결국은 두 차례의 세계대전으로 이어졌다. 하지만 제2차 세계대전 이후에 본격화되었던 시장경제체제와 계획경제체제의 대결은 시장경제의 승리로 나타났고 대부분의 사회는 주권을 가진 개인이 모여 민주적으로 의사를 결정하는 민주사회의 공동체 형태로 발전하였다. 그리고 그 밑바탕에는 현대 사회의 개인주의 사상이 자리를 잡아갔다.

개인주의는 개인의 자유와 자기실현의 권리를 가장 중요한 가치로 여긴다. 개인주의에서 개인을 바라보는 시각은 각 개인은 다른 사람과 구분되는 욕구와 삶의 목적을 가진 매우 독특한 특성을 가지고 있다는 것이다. 흔히 개인주의는 국가나 사회 또는 기업과 같은 조직의 권위체계 위에 개인의 권리와 자유가 있다고 생각하는 자유주의로 표현되기도 한다. 이러한 개인주의는 오늘날 광범위하게 퍼져 있을 뿐만 아니라 자유와 자존감을 바탕으로 자신의 기본적인 권리를 지키고 행사할 수 있는 매우 중요한 가치로 여겨지고 있다.

그러나 개인주의가 어느 시대보다 만연한 오늘날, 인간은 기술의 발전으로 혼자서도 쉽게 살아가고 모든 것을 통제하는 것처럼 보여도, 실상 거대화된 시스템 속에 종속되어 살고 있다고 보아도 무방하다. 우리가 발전된 사회시스템과 기술 속에서 모든 것을 스스로의 판단으로 결정하고 수행하고 있다고 생각하고 있지만, 실은 사회시스템 아래에 통제되고 조종되고 있을 수도 있기 때문이다. 더욱이 앞으로의 미래 사회는 고도화된 기술을 바탕으로 모든 것이 시스템화된 사회가 될 것이다. 그 속에서 인간은 사회의 부수적인 존재로 전락할 수도 있다. 예를 들어, 이제까지는 인간이 모든 과정 속에 개입하여 처리하였기 때문에 꼭 필요한 존재였지만, 미래 사회는 인공지능의 역할이 두드러지면서 인간의 역할은 부수적인 것이 되고, 이로 인해 인간의 존재 자체에 대한 의문을 가지게 될 수 있다.

여기에 시대적 과제 혹은 모순이 있다. 미래 사회가 인간이 중심이 되는 사회로서 지속가능하려면 시스템 속에 종속되고 그 속에 묻혀버리는 것이 아니라 적극적으로 기술을 지배하고 서로 공유하며 인간이 주체적으로 사회의 중심원으로 활동해야 한다. 자칫 기술적 측면만 중시하다가 인간이 중심이 되지 못하고 인간성을 잃은 사회가 된다면, 미래 사회는 차갑고 딱딱한 기계 속에 갇히게 될 것이다. 따라서 미래 사회는 사람이 서로 밀접한 관계를 맺으면서 활동할 수 있으며 또 이의 조건이 되는 생명과 건강이 최우선되는 시스템을 만들어야 한다.

즉, 사람이 시스템 속에 종속되고 지배당하는 것이 아니라 사람을 위해 시스템을 만드는 것이 필요하다. 그리고 사람이 행복하고 안전하게 살기 위해서는 무엇보다 사람의 생명과 건강이 우선되는 사회시스템이 필요하다. 현재 우리 사회가 당면한 본질적인 문제는 개인과 공동체 간의 관계에 대한 재정립이라고 할 수 있다. 개인과 공동체가 서로의 우위를 주장하면서 이념적으로 대립하는 관계로부터 전혀 다른 관계로 발전해야 한다. 다시 말해, 개인의 생명과 건강을 공동체가 책임을 가지고 돌봄으로써 개인이 자기自己를 실현하고 번성하려는 존재 목적을 달성하도록 도와야 한다. 그럼으로써 공동체가 유지 및 발전하는 새로운 관계를 만들어가야 한다.

사회시스템은 공동체의 유지와 발전을 위해서 공동체를 효율적으로 작동시키는 장치라고 볼 수 있다. 한편 공동체를 구성하는 사람은 타인과 독립되어 살아가는 혼자일 수 없다. 결국 인간은 공동체 사회시스템 속에서 약속된 규범과 규칙을 가지고 타인과 더불어 살아갈 때 비로소 안전과 행복을 누릴 수 있을 뿐 아니라 생명과 건강을 보장받을 수 있다. 그리고 이렇게 보장된 생명과 건강은 자신의 유전자를 후세에게 넘기려는 개인의 본질적 존재 목적을 이루는 전제가 된다. 물고기가 물 밖을 벗어나 살 수 없듯이, 우리는 일정한 규범과 규칙, 시스템 속에서 살아가고 그 속에서만 개인이 진정한 자유를 누리고 자기실현을 할 수 있다. 이러한 상태에서만 비로소 자신의 존재 목적을 이루면서 한편으로 사회 공동체가 지속되는 조건을 이룰 수 있는 것이다.

반드시 풀어야 할 과제, 노인 인구의 증가

세계보건기구에서는 건강을 "단순히 질병이 없을 뿐 아니라 신체적, 정신적, 사회적으로 완전히 안녕한 상태"로 정의한다. 그런데 이와 같은 세계보건기구의 건강 정의는 1948년에 이 기구가 출범하면서 만들어졌기 때문에 오늘날과 같이 수명이 늘어나서 노인 인구가 증가한 사회를 충분히 고려했다고 보기는 어렵다. 노인은 청년과 비교했을 때 신체적 기능이 퇴화되어 노화되고 약화된 근육과 뼈, 그리고 신체기관을 가지고 있다. 그렇기에 질병의 유무를 기준으로 보았을 때 노인은 병에 걸리기 더 쉬우며, 대부분은 건강하지 않은 상태가 된다. 따라서 신체적, 정신적, 사회적으로 기능이 떨어져서 완전하게 안녕한 상태에 있다고 할 수 없다. 그렇다면 노화는 건강하지 않은 상태이고 노인들을 건강하지 않은 사람이라고 보아야 할까?

전체 노인의 20~30퍼센트는 질병이 없으며, 단지 신체 나이가 들며 기능이 저하되어 활발한 사회활동을 하기 어려울 뿐이다. 그렇다면 신체적, 정신적, 사회적 기능이 떨어져 노인으로서의 삶의 궤적을 지나고 있는 경우에도 남은 삶을 개인적으로나 사회적으로 의미있게 마무리할 수 있도록 도와주는 것이 필요할 것이다. 건강을 질병이 없을 뿐만 아니라 완전하게 안녕한 상태라고 정의하는 것을 넘어서, 이제는 노인에게도 알맞은 정의가 새롭게 세워져야 할지 모른다. 세계보건기구의 건강에 대한 정의인 "신체적, 정신적,

사회적 안녕한 상태"를 생물학적 나이에 적합한 기능을 하는 상태로 바꾸는 것이 좀 더 '건강한 상태'의 정의에 부합할 것이다.

노인 인구가 늘어나면서 노인의 건강상태를 유지하는 한편, 노인 연령에 적합한 기능을 할 수 있도록 사회시스템을 개선해야 할 필요성이 커지고 있다. 정신적, 신체적으로 기능이 떨어진 노인, 즉 기억력이 떨어지고 느릿한 걸음걸이와 구부정한 허리, 침침한 눈을 가진 노인들이 젊은 사람에게나 맞는 일을 할 수는 없다. 예를 들어, 거동이 불편한 사람을 먼 거리에 있는 직장으로 출퇴근하게 한다면, 과연 그 일을 잘할 수 있을까? 노인들은 건강상태를 지속적으로 살펴보아야 하기 때문에 가급적 주거 공간에서의 일을 통한 사회적 기여와 건강상태에 대한 돌봄이 함께 진행되어야 한다. 그래서 이들에게는 새로운 개념의 공동 주거가 필요하다. 하나의 공간 혹은 주거 구역에서 교육을 받고 의료를 누리며 사회적 기능을 하는 것이 무엇보다 중요하다. 공동 주거 안에서 필요할 때 일하고 나아가 하고 싶은 일을 하면서 생산하고 소비하는 구조라면, 나이를 불문하고 모두가 사회에 기여함으로써 이득을 얻는 사회가 될 것이다.

물론 노인을 새로 교육하고 직업을 가지게 하는 것에는 몇 가지 장애물이 있다. 그중 하나가 알츠하이머병으로 대표되는 치매이다. 뇌세포는 재생이 안 되는 세포이기 때문에, 나이가 들면 퇴화하고 줄어들게 된다. 그런데 뇌세포는 사용하지 않으면 퇴화의 속도가 빨라진다. 오늘날 노인의 치매 비율이 급증하는 것은 단순히 노인이 증가했기 때문이 아니라 사회생활에서 은퇴하면서 뇌세포를 적극적으로 사용하지 않게 되기 때문에 퇴화가 가속화되는 현상이라고도 볼 수 있다. 세포는 각 기능에 따른 역할을 해야 살기 때문에 계속해서 쓰는 것이 무엇보다 중요하다. 일뿐 아니라 빠르게 걷기와 같은 운동으로 뇌 속에 피를 계속 공급하는 것도 중요하다. 이렇게 일하면서 운동도 하고, 사회적 관계를 지속하면 노인 인구가 건강하게 사회 내에서 살아갈 수 있는 기반이 만들어질 것이다.

한국도 초고령화 사회에 빠르게 진입하면서 어느덧 65세가 넘는 고령인구의 비율이 2019년 기준으로 14.9퍼센트가 되었다.[55] 한국의 은퇴 연령은 65세로 정해져 있지만, 실질적인 은퇴 시기는 50대 중반이다. 미래에는 70~80세까지 실제 은퇴 연령을 늦추어서 노인들이 어떠한 형식으로 든 사회적 기여를 하며 사회의 일원으로서 소속감과 정체성을 가지고 살아가게 하는 것이 중요하다. 현재의 요양원과 같이 공동체 사회에 속하지 않고, 노인 요양의 기능만 하는 시설은 사회적으로 부담이 될 뿐 아니라, 시설에 거주하는 노인들의 건강을 제대로 돌보지도 못한다. 따라서 지역사회 안에서 노인의 건강을 유지하는 프로그램과 돌봄이 일어날 수 있는

---

55 통계청, 〈장래인구추계〉, 2019년 3월 28일.

주거 형태와 서비스 체계를 마련하는 것이 시급하다.

지역공동체, 특히 도시는 사회적, 심리적, 생물학적 유해성이 있는 곳일 수도 있지만, 공동체의 어떤 특성은 건강 형평성을 향상시키고 사람들이 가치 있는 삶을 영위하는 데 크게 기여하기도 한다.[56] 특히 공동체의 환경은 정신건강에 영향을 미친다. 지역사회 환경과 우울증의 관계에 관한 한 연구는 좋은 이웃이 있는 경우 인간관계가 좋아지고 자기 통제력이 커지며, 우울증이 감소된다는 것을 보여준다. 이러한 결과는 이웃과 좋은 관계를 맺을 수 있는 안전한 환경, 가볍게 운동을 할 수 있는 여건, 좋은 서비스와 시설을 이용할 수 있는 가능성 등이 중요하다는 것을 의미한다. 반대로 동네 환경의 악화와 범죄에 대한 공포는 외부 활동과 참여를 제한하여 건강한 삶에 부정적인 영향을 크게 준다.

특히 외로움과 사회적 고립은 개인과 사회에 나쁜 영향을 미친다. 예를 들어, 외로움을 느끼는 정도가 높은 사람들은 상대적으로 그 정도가 낮은 사람보다 알츠하이머병에 걸릴 확률이 두 배 더 높다. 노인들 중 상당수는 외로움을 자주 느끼는데, 나이가 많을수록 이러한 느낌을 많이 받는다. 집을 떠나는 아이들, 은퇴, 배우자의 죽음, 그리고 활동반경의 감소를 포함한 다양한 요인들이 고립과 외로움을 야기하는 주된 이유를 차지한다. 이러한 고립과 외로움을

---

56 마이클 마멋 저, 김승진 역(2017), 《건강 격차》, 동녘.

줄이기 위해서는 사회적 상호작용을 많이 할 수 있게 해야 하는데 이를 위해서는 세대 간 교류 프로젝트, 교통과 이동방법의 개선, 범죄에 대한 두려움 해소 등 안전에 초점을 맞춘 다양한 프로그램이 제공되어야 한다.

따라서 사람들을 만나고 사회적 상호작용을 할 수 있도록 하는 것이 매우 중요한데, 이를 위해서는 물리적 이동성뿐만 아니라 인터넷을 이용하여 상호작용을 할 수 있는 능력을 갖추게 하는 프로그램이 필요하다. 사회적 상호작용을 통해 사람들과 사회적으로 교류하며 자원봉사와 일을 통해 사회에도 참여하고 질병 예방과 치료와 같은 서비스에 보다 쉽게 접근할 수 있다. 이는 공동체의 구성원, 특히 도시 인구의 건강을 유지하고 향상시키는 데 있어서 매우 중요한 점이다.[57]

신체 활동을 증진시키는 도시

사람이 중심인 사회를 만들고 함께 더불어 살아가기 좋은 시스템을 구축한다면, 미래 사회는 모두가 행복하고 즐거운 사회가 될 수 있을까? 아무리 사회시스템이 잘 갖추어져 있다고 하더라도 신체

---

57 Government Office for Science(2016), 〈Future of an Ageing Population, Foresight Report〉, Government Office for Science.

적으로 상당한 활동을 할 수 있는 여건을 제공하지 못한다면, 사회 구성원이 건강한 생활을 할 수 있도록 도움을 주는 사회가 아니다. 특히 신체 활동은 특정한 연령의 문제가 아니라 전 연령대에 걸쳐 지속적으로 할 수 있는 여건이 갖춰져야 한다. 젊었을 때의 신체 활동이 노인 시기의 건강에 큰 영향을 미치기 때문에 노령화 추세가 빠르게 진행되는 현재, 이러한 사회적 여건을 만드는 것이 매우 중요하다.

세계보건기구에 따르면 불충분한 신체 활동은 조기 사망에 대한 10가지 위험요소 중 하나이며 전 세계 1억 4천만 명 이상의 인구에게 건강 악화와 질병의 위험을 주고 있다. 신체 활동이 증가하면 삶의 질이 향상되며 신체 활동이 권장하는 수준에 도달하는 사람은 전반적으로 건강상태가 향상될 가능성이 아주 높다. 사실 수많은 연구를 통하여 신체 활동의 건강상 이점은 잘 알려져 있다. 좀 더 구체적으로 살펴보면, 신체 활동을 꾸준히 하는 경우 심혈관질환이나 고혈압, 당뇨병, 유방암과 대장암 등의 위험이 낮아지고 정신건강에 긍정적인 영향을 미치며 치매를 지연시킨다.[58,59]

58 World Health Organization(2002), 〈The World Health Report: Reducing Risks, Promoting Healthy Life〉, Geneva.

59 L. V. Kallings et al.(2008), "Physical Activity on Prescription in Primary Health Care: a Follow-up of Physical Activity Level and Quality of Life, 〈SCANDINAVIAN JOURNAL OF MEDICINE & SCIENCE IN SPORTS〉, 18:

노령화 과정을 거치면서 대부분의 사람들은 신체 기능이 저하된다. 건강 문제도 많이 발생하는데 대표적으로는 관절염과 만성 통증, 근육과 골밀도 감소, 시각과 청력의 저하, 그리고 반사 신경의 감소 등이 있다. 무엇보다도 기억력과 인지 기능의 저하를 겪기도 한다. 신체 활동은 이러한 신체적인 능력 저하에 대한 효과적인 방안이다. 신체 활동은 신체적 건강뿐 아니라 정신적 건강 문제가 발생하는 것을 막는 데 있어서도 중요한 역할을 하며, 노인의 건강을 유지하거나 적어도 건강이 악화되는 것을 지연시킨다. 예를 들어, 규칙적으로 매일 30분 이상의 신체 활동을 하는 것만으로도 충분한 효과를 볼 수 있다. 가령 걷기와 같은 정기적인 신체 활동은 골다공증 및 기타 질병으로 인한 장애를 지연시키며 노인의 우울증을 완화하고 삶의 질을 향상하는 데 도움을 준다. 특히 지역사회 내에서 걷는 것은 사회적 상호작용 증가로 인해 심리적인 도움을 준다.[60]

하지만 현재와 같은 사회시스템 속에서는 마음먹은 것처럼 쉽게 지속적인 신체 활동을 하기가 쉽지 않다. 특히 저소득층의 경우, 고소득층보다 운동에 시간을 할애하기가 쉽지 않다. 일반적으

154~161.

[60] Lawrence Frank(2003),《Health and Community Design: The Impact of the Built Environment on Physical Activity》, Island Press.

로 성인들의 긴 업무 시간은 신체 활동을 방해하는 중요한 요인 중 하나이다. 하지만 역으로 신체 활동을 못하면 건강을 점점 잃게 되고 결국 일을 할 수 없기에 악순환에 빠질 수 있다. 따라서 별도로 신체 활동 시간을 가질 수 없다면, 사회시스템 안에서 충분히 신체 활동을 할 수 있도록 사회를 변화시켜야 한다. 그리고 그런 사회를 만들기 위해서는 우리 삶을 둘러싼 환경, 특히 도시가 변화해야 한다.

한편 오늘날 도시 계획의 흐름을 이끄는 미국에서는, 도시에서의 물리적 디자인 변화가 어떻게 신체 활동을 증가시키고 그 결과로 건강을 향상시킬 수 있는지 등과 같이 구체적이지만 다소 제한적인 건강도시 계획의 개념에 초점을 두는 경향이 있다. 그러나 주거, 교통, 일자리, 사회 서비스, 환경오염 수준 등 도시를 전반적으로 개선하려는 시도를 통하여 도시의 구조와 서비스 체계가 주민들의 신체 활동을 증진시킬 수 있는 여건을 마련하는 것이 중요하다.

정치적, 제도적 변화와 주민들의 참여가 수반되지 않는 물리적 디자인의 변화만으로는 사회경제적으로 취약한 도시 주민들의 건강을 향상시키지 못하고 결국 건강하고 형평성 있는 도시를 만드는 데 실패할 가능성이 높다. 따라서 건강도시를 형성하기 위해서는 신체 활동 증진을 포함하여 인간의 안녕安寧에 기여하는 여러 가지 실질적 내용들이 어떻게 제공되어야 하는지를 결정하는

의사결정 과정과 이를 실현할 수 있는 제도, 두 가지 모두가 필요하다.[61]

공동체 중심에는 의료가 있다

과거 역사를 보면 의료의 수준이 낮기는 하지만, 고대 국가 시대에 이미 의학 교육과 의료 행위를 제도화하였으며 의료서비스 조직도 설립했다. 예를 들어, 지중해 문화권에서는 사원이 병원 역할을 하였으며 기원전 600년부터는 도시들이 주민들로부터 징수한 세금으로 의사들을 고용하기도 했다. 당시 의사들이 어떤 서비스를 제공했는지는 분명하지 않지만, 실제적으로 질병을 치료할 수 있는 의료기술보다는 건강에 좋은 음식을 제공하면서 한편으로는 위로하고 지지하는 서비스 측면이 더 많았을 것으로 생각된다. 기원전 400년 정도 되자, 도시의 의사들은 사설 요양소인 이아트레이온iatreion을 운영하였고, 이 공간에는 진료실과 운영실, 그리고 약국 등을 두어 환자를 돌봤다.

　고대 이집트에는 '생명의 집The House of Life'으로 알려진 특별한 의학교육기관이 있었는데, 이 기관에서는 의학 책을 편찬하고 의사들이 훈련을 받았다. 고대 이집트 사회에서 의료 실무자의 계

61　제이슨 코번, 앞의 책.

충적 구성을 보면 맨 위에 궁정 의사가 있었고 그다음으로 수석 의사와 감독자들이 상위의 계층을 이루었다. 이들보다 하위에는 주술사, 치과의사, 군의관, 피라미드 건축 담당 의사 등 여러 종류의 의사가 존재했다. 고대 중국에서는 주周 왕조 시대의 국가에서 의사가 되기를 바라는 사람들을 교육하는 학교를 세우고 매년 의사 시험을 치르게 하였다. 주 나라 시대의 의사들은 군의관을 비롯하여 식품 전문 의사, 궤양 치료 의사 및 동물 의사 등 다양한 형태로 있었다. 고대 인도에서는 사찰을 중심으로 의료서비스가 보급되었고, 아소카Aśoka 왕 칙령으로 전 왕국에 걸쳐 병원과 조제실이 설치되었다. [62]

고대 그리스와 로마에도 구휼 목적을 벗어나 어떤 형태로든 치료를 제공하려는 기관이 존재했다. 한편 자선을 기본 교리 중 하나로 받아들인 기독교의 등장으로 로마에서 커다란 변화가 일어났다. 기독교를 국교로 선포한 이후에, 사회적 취약 계층을 위한 의료를 제공하는 병원들이 지역마다 설립되기 시작하면서 로마 전역으로 퍼져 나간 것이다. 이후 로마 제국의 병원 전통은 이슬람으로 전승되었고 수세기가 지나서야 베네딕투스 수도승들에 의하여 다시 유럽에서 부활하였다. 길고 긴 십자군원정 기간 동안 수도원

---

62 Dorothy Porter(1999), 《Health Civilization and the State: A History of Public Health from Ancient to Modern Times》, Routledge.

이 운영하는 병원은 군인들을 위한 시설로 자리를 잡았고, 13세기에 이르러서야 도시가 수도원이 담당하던 역할을 맡기 시작하였다. 이후 병원들은 점차 도시로 이동하여 도시의 관리체계에서 의료서비스가 이루어지기 시작했다.63

이와 같이 고대 이집트, 중국, 인도, 그리고 그리스와 로마 시대에 이미 상당한 수준으로 분화된 의학 체계를 가지고 있었고, 국가를 지탱하는 기반이었던 노예와 군대를 유지하기 위해 별도로 의료서비스를 제공하기도 하였다. 오늘날처럼 의료가 공동체를 건강하게 유지하는 기반이라는 인식이 있었던 것은 아니었지만, 공동체가 유지되기 위해서는 의료서비스가 제공되어야 한다는 생각이 기저에 깔려 있었다는 것을 알 수 있다. 시간이 흘러 11세기 영국에는 교회나 수도원, 황제, 지방 영주, 마을 내 부유한 가정이나 일반 주민들에 의해 관리되는 여러 병원들이 설립되어 운영되었다.

이러한 병원에는 주로 병들고 가난한 사람들이나 여행자, 순례자, 나병 환자 등을 수용하였다. 12세기에 이르렀을 때에는 영국에 이미 400개 이상의 병원이 설립되었고, 시간이 지날수록 점점

---

63 Tatjana Buklijas(2008), "Medicine and Society in the Medieval Hospital", ⟨Croatian Medical Journal⟩, 49(2): 151~154.

많은 병원이 세워졌다.[64]

그러나 이러한 병원들은 18세기 파리에서 본격적으로 임상의학이 태동되기 전까지는 수용과 격리의 장소였고, 질병을 치료하는 장소라고 할 수 없었다. 18세기 파리에서 의료의 혁명적 변화가 생기면서 이후 유럽과 미국을 중심으로 현대적 개념의 의학과 의료서비스가 발전하였고 그 중심에는 한층 전문화된 병원이 자리 잡았다. 그럼에도 불구하고 여전히 병원이 질병을 치료하는 장소를 넘어 지역사회 공동체 주민의 건강을 돌보고 책임지는 기관으로까지 발전하지는 못하였다. 병원이 공동체 사회의 중요한 기관이 되었지만 아직 의료가 공동체의 중심축이 되지는 못했던 것이다.

미래의 사회시스템은 도시의 구조와 서비스 그리고 이를 계획하는 과정에 있어서 주민의 건강을 증진시키고 질병을 예방하는 것이 중심이 되는 방향으로 설계되고 만들어져야 한다. 건강을 직접 책임지고 질병을 관리하는 의료체계와 서비스 역시 도시의 다른 요소나 기능과 동떨어져 제공되는 것이 아니라 공동체 사회의 중심축으로 자리 잡아야 한다. 지금까지 모든 공동체가 그러하였듯이 공동체 구성원의 건강은 공동체를 유지하고 발전시키는 데

---

64 SethinaWatson(2006), "The Origins of the English Hospital", ⟨Transactions of the Royal Historical Society⟩, 16: 75~94.

있어서 가장 중요한 요소이기 때문이다. 특히 인구의 상당수가 노인으로 예측되는 미래 사회에는 사회를 발전시키는 데 있어서 사회 구성원의 건강이 결정적인 요소가 될 것이므로 의료서비스는 그만큼 중요성을 더할 것이다.

3장
팬데믹 생존 해법,
건강도시 하이게이아

PANDEMIC

치료는
면역력이다

개인의 죽음은 사회적 사건이다

개체로서의 삶은 출생에서 사망에 이르기까지 단 한 번의 생애로 끝나지만, 자손과 후속 세대로 이어지는 세대교체는 나의 가족과 가문, 민족과 사회 등 집단 구성원으로서의 정체성과 존재 의미에 영속성을 부여한다. 따라서 개인의 삶이 비록 한 때의 일회적 생애로 끝날지라도, 그 삶이 세대교체를 이어가고 영속성을 실현시키는 연결 고리로서 존재하는 것이다. 이렇게 본다면 우리 개개인의 출생과 사망, 그리고 현세에서 누리는 한 평생의 가치와 의미는 단절된 일회적 삶이 아니라 인류라는 종의 영속성에서 평가받아야 한다.

결국 죽음은 외부의 어떤 요인에 의하여 일어나게 되는 비극적

사건이라기보다는 생명의 영속성을 위하여 애초부터 본질적으로 가지고 있는 내재적 본성이라고 보는 것이 타당하다. 따라서 죽음에는 인간이라면 누구나 겪어야만 하는 불가피성이 있다. 누구에게나 그리고 모든 생명체에게 죽음이 결코 예외적 현상이 아니라는 것을 전제한다면, 주어진 수명을 다하고 죽는 것이 가장 바람직하고 심지어 가장 행복한 사건이라고 볼 수 있다

소크라테스가 죽음을 직면하였을 때 말했듯이, '정말 중요한 것은 그저 사는 것이 아니라 잘 사는 것'이다. 잘 산다는 것은 죽음을 외면하거나 무시한 채 오로지 삶에만 몰두한다고 실현되지 않는다. 도리어 죽음의 의미를 잘 이해하면 할수록 각 개인은 스스로를 더 잘 알게 되며 자신의 정신적 능력과 유한한 인간 존재로서의 한계를 인정하고 수용할 수 있다.

하이데거는 인간 각자의 현세적 삶은 '출생과 사망 사이'라는 특정 시간에, 그리고 특정한 장소와 공간에서 일어나는 사건임을 지적한다. 그는 "나의 출생이 나의 선택이 아니었으며, 나의 죽음 역시 언젠가는 나의 의사에 반해서도, 그리고 나의 본능적 생명 욕구에도 불구하고 일어나고야 말 사건"이라고 말하고 있다.[65]

나의 인생에서 가장 중요한 사건인 출생과 죽음이 나의 선택이 아니라면, 결국 나의 존재 의미 역시 '나'라고 하는 범주를 넘는다.

---

[65] 한림대학교 생사학연구소(2012),《좋은 죽음을 위한 안내》, 박문사.

따라서 아무리 죽음의 의미를 생각하며 삶을 산다고 해도 나의 존재 의미를 완전히 알 수는 없다. 다만 우리에게 분명하게 주어진 사명은 인류라는 종의 영속성을 위한 노력을 해야 한다는 것이다.

기술이 발전하면서 인간의 신체는 더욱 강화되고 인간이 가진 생물학적 한계에 다다르도록 생명을 연장시킬 수 있지만, 그 한계를 넘어서까지 삶을 지속시킬 것인가는 깊이 생각해볼 문제이다. 의학적인 측면에서 봤을 때, 신체의 한계는 120세 정도이지만, 재생과 이식 수술을 통하여 신체는 그보다 더 오래 살 수 있다. 하지만 앞서 논의 했듯이, 죽음이 있기에 삶이 더 소중한 것이고 죽음을 맞이해야 사회가 선순환 구조로 돌아간다. 개인의 죽음은 개인의 죽음으로 끝나는 것이 아니라 사회를 지속가능하게 유지시키는 역할을 하기 때문이다.

나의 출생 자체가 이미 가정과 사회의 관계망 안에서 일어난 사건이듯, 나의 죽음도 나와 관련된 사회적 연결망에서 일어난 사건이고, 나의 죽음으로 그 사회적 관계의 의미를 변화시키고 심화시키게 된다. 따라서 개인의 죽음은 사회적 관계 속에서 일어나는 건이고 생물학적인 의미와 함께 사회적 의미를 지닌다.

삶과 면역

질병을 막는 우리 몸의 면역체계는 생존을 위한 방어체계이고, 이는 매우 정교하게 얽혀 균형과 조화에 의해 작동되는 시스템이다. 따라서 단순하게 면역기능을 증진시킬 수 있는 방법을 찾기는 어렵다. 그럼에도 불구하고 몇 가지 요인들은 면역기능에 상당한 영향을 미치는 것으로 밝혀진다.

면역체계는 나이, 스트레스, 영양 섭취 등으로 약화된다. 코로나19의 유행에서 볼 수 있듯이 바이러스 전염병이 유행일 때 병에 걸리게 되면, 젊은 성인의 경우 심각한 결과를 초래하지 않지만 노인들은 증상이 심해져 중환자실에 입원하거나 혹은 사망에 이를 수 있다. 또한 영양 부족이나 비타민이 결핍되면 면역기능은 상당히 저하되어 질병에 더 쉽게 노출된다. 스트레스를 많이 받거나 우울이나 불안 증상이 있을 때에도 마찬가지이다.

한편 야채, 콩, 견과류, 통곡물 등을 자주 먹고 요구르트와 같이 장내 미생물 환경을 개선하는 음식, 그리고 오메가-3와 같이 염증을 가라앉히는 역할을 하는 영양소가 풍부하게 들어있는 음식 등의 섭취를 늘리면 큰 도움이 된다. 그 외에도 소화기능을 개선하는 소화제나 손상된 장의 회복력을 높이는 글루타민 같은 영양소 등도 도움이 된다. 결국 면역기능을 개선하기 위해서는 적절한 식이 섭취를 하는 것이 중요하다.

사실 영양 부족과 과도한 에너지 섭취가 모두 문제될 수 있다. 노인들에게 영양실조는 질병, 치아 손실, 사회적 고립 그리고 인지능력의 저하나 신체적 장애 등으로 이어질 수 있다. 반면 과도

한 에너지 섭취도 문제가 되는데 만성질환의 위험성을 증가시킬 뿐 아니라, 비만이나 동맥경화증으로 이어지면 이로 인한 신체장애의 위험을 크게 증가시키기 때문이다. 예를 들어, 뇌졸중은 노년 시기 신체장애의 주요 원인이다. 또한 칼슘과 비타민 D의 부족은 노년에 골밀도 감소와 관련이 있고, 그 결과 골절이 증가할 수 있다. 특히 나이든 여성의 경우 골절이 생기면 매우 빠르게 노쇠해진다.

이외에도 건강한 노년을 위해서는 건강에 위험한 요소 몇 가지를 예방적으로 관리해야 한다. 무엇보다도 금연을 실천하는 것이 중요하다. 흡연은 폐암과 같은 질병의 위험을 증가시킬 뿐만 아니라, 여러 가지 신체기능의 손실로 이어질 수 있다. 예를 들어, 흡연은 골밀도, 근육 강도 및 호흡기 기능의 감소 속도를 가속화하기 때문에 나이가 들수록 인체에 치명적이다. 과도한 음주 역시 피해야 한다. 알코올 섭취는 과도하게 되면 그 자체로 위험하지만 노인의 경우는 흔히 여러 가지 약제를 복용하고 있는 경우가 있기 때문에 잠재적 위험이 더욱 클 수 있다. 뿐만 아니라 균형 감각이 떨어지고 근골격계가 약화되어 음주와 관련된 추락과 부상의 위험이 상당히 크다.

적절한 강도의 운동이나 신체 활동을 규칙적으로 하면 나이가 들어도 면역기능을 회복하거나 유지할 수 있다. 노년기의 신체 활동이 삶에 미치는 영향은 어느 시기보다도 크다고 할 수 있다. 신체 부하를 이용한 규칙적인 근육 훈련은 나이가 들어도 근육의 힘을 증가시키거나 보존하는 데 매우 효과적인 것으로 나타났다. 근력 강화 운동은 걷는 속도와 같은 이동 기능을 개선하며 노년층의 추락 사고를 줄이는 데 매우 효과적이다. 힘, 균형 및 지구력 훈련을 결합한 프로그램에서 낙상의 위험은 10퍼센트 감소하고, 균형을 기르는 훈련 또한 위험을 25퍼센트 줄이는 것으로 나타났다.66 신체 활동은 노인들의 정서적, 정신적 안녕을 향상시키는 데에도 상당히 도움을 줄 수 있으며 우울증의 감소와도 관련 있다. 동네 상점에 가는 것을 포함해 스스로 몸을 움직여 생활하는 일상은 다른 사람들에 대한 의존도를 줄이는 동시에, 사회적으로 상호작용을 촉진하는 것을 의미할 수 있다.

이외에도 인지기능의 저하를 예방하려는 노력이 중요하다. 인지기능은 활동적인 노년 생활을 할 수 있는 매우 중요한 능력이며 수명의 강력한 예측 인자이기 때문이다. 종종 인지기능의 저하는 의사소통 부족, 우울증 같은 질병, 그리고 알코올 및 약물 사용에 의하여 악화되며 자신감 부족과 같은 심리적 요인에 의해서도 유발된다.

건강한 노화는 노년에 일상생활을 충분히 할 수 있는 기능적 능력을 개발하고 유지하는 과정으로 정의된다. 건강한 노화가 중

---

66 Geuk(2011), 〈Healthy Aging Evidence Review〉, Age UK.

요한 이유는 노인들이 건강한 노화의 궤적을 밟을 수 있게 하여 건강한 삶을 살 수 있도록 하는 것만이 아니라 건강한 노화가 그들의 가족과 사회에 미치는 긍정적 영향 때문이다.[67] 그런데 건강한 노화를 이루기 위해서는 노인 스스로의 노력도 중요하지만 건강한 노화가 가능하도록 하는 의료서비스와 사회시스템이 뒷받침되어야 한다. 건강상태를 지속적으로 점검하고 질병과 기능 저하를 조기에 발견하여 건강을 유지하고 증진시키는 플랫폼 기반의 의료서비스가 필요한 이유이다.

노년 인구의 면역을 위한 커뮤니티

영국의 복지정책을 나타내는 대표적 문구, '요람에서 무덤까지from the cradle to the grave'는 출생부터 죽음까지 국가가 삶과 건강을 책임진다는 함축적인 의미를 가진다. 영국은 1974년에 이미 65세 이상의 인구 비율이 14퍼센트를 달성하여 고령사회에 진입했다. 한편으로는 이렇게 빠르게 고령화되는 추세에 대비하여 영국은 제2차 세계 대전 이후부터 복지 정책을 만들어왔다. 1946년에는 국가의료서비스를 제정하고, 1948년에는 사회보장법과 국가보

---

67 WHO(2018), 〈A Decade of Healthy Ageing 2020-2030〉, United Nations Headquarters.

조법을 제정하면서 생계에 어려움을 겪는 노인들을 지원할 수 있는 법률망을 구축하였다. 그렇지만 본격적인 노인복지의 시작점은 1960년대 초에 도입된 커뮤니티 케어community care라고 하는 지역사회 돌봄 프로그램이라고 할 수 있다. 이는 커뮤니티를 중심으로 돌봄을 제공하는 서비스 체계로, 노인 수용 시설을 줄이는 대신 가능한 자신이 살고 있는 집에서 생활할 수 있도록 지역사회와 국가가 도와주는 정책이다.

2012년 영국의 노인 건강 통계에 따르면, 많은 노인이 자신의 집에서 살고, 그곳에서 생을 마감하고 싶어 한다. 이를 가능하게 하는 것이 장기 요양 서비스이다. 지역사회의 시설과 여러 가지 노인을 위한 서비스가 활성화되면, 요양원에 가지 않고도 집 안과 그 주위에서 여생을 보낼 수 있기 때문이다. 가정 방문 간호를 통하여 집에서도 의료적 도움을 받을 수 있도록 하거나 지역사회의 시설에서 장기적인 돌봄 서비스도 제공한다. 이와 같은 서비스들은 자신의 집이나 동네에서 살면서 여생을 마칠 수 있도록 커뮤니티를 중심으로 제공된다.[68]

일본의 65세 이상 인구는 2017년 기준으로 전체 인구의 27.7

---

68 Japanese Nursing Association(2013), 〈Nursing for the older people in Japan〉.

퍼센트를 차지한다.[69] 따라서 이렇게 늘어나는 노인 인구를 어떻게 부양할 것인지에 대한 관심이 크게 증가함에 따라 다양한 프로그램을 만들기 위한 노력을 하고 있다. 1982년에는 노인보건의료법이 제정되어 가정간호사의 법적 근거를 마련하였고, 1991년에는 노인들을 위한 가정간호시설을 설립하였다. 1994년에는 건강보험법이 개정되어, 가정에서 의료와 복지서비스를 제공하는 것과 함께 간호활동을 할 수 있는 여건이 마련되었다. 최근에는 치매에 걸린 노인이나 혼자 사는 노인에게 지역사회에서 생활을 할 수 있는 여건을 제공하기 위한 커뮤니티 기반의 통합 관리 시스템, 즉 의료와 복지를 통합하여 서비스를 제공하는 사업을 추진하고 있다.[70]

이와 같은 커뮤니티 기반의 통합 관리 시스템은 병원을 방문하는 외래 환자 및 입원 환자의 관리뿐만 아니라 복지 시설, 가정 방문 관리 서비스, 그리고 이웃 간의 상호 지원 활동까지 통합하여 관리하는 것이다. 핵심적인 내용은 가정을 기반으로 관리하는 것으로, 가족이나 동거인 또는 자원봉사자가 가벼운 장애를 가진 노인을 돌볼 수 있도록 장려한다. 중증질환이나 장애가 있는 사람들

---

69 Statistics Bureau, Ministry of Internal Affairs and Communications Japan(2018), 〈Statistical Handbook of Japan〉.

70 Japanese Nursing Association, op. cit.

이 의료 및 복지 전문가의 관리를 필요로 하는 경우에도 가급적 집에서 치료를 받도록 권장하고, 의료 및 복지 시설은 필요한 경우에만 이용하게 한다.[71]

덴마크의 경우에는 이미 노인들이 모여 사는 공동주택인 노인복지주택이 활성화되어 있다. 이곳에서 노인들이 함께 모여 살며 여가 활동 및 치매예방프로그램에 참여하는 등 다양한 복지와 의료서비스를 받는다. 이곳에 거주하는 노인들은 이 주택의 장점으로 '휘게hygge'를 꼽고 있다. 노르웨이어로 '웰빙well-being'을 뜻하는 단어에서 유래된 휘게는 가족이나 친구들과 단란하게 모여 있는 편안하고 기분 좋은 상태, 또는 사랑하는 사람들과 함께하는 시간을 소중히 여기며 소박한 삶의 여유를 즐기는 라이프스타일을 뜻한다. 이곳에서 노인들은 각자 자기만의 공간에서 살지만, 한편에는 공동 카페와 복지, 교육시설 등 공유 공간이 있으며 사회복지 인력과 의료 인력 등 전문 인력이 곳곳에 배치되어 있다. 노인들이 모여 살기 때문에 우울증, 치매, 고독사 등의 문제를 해소할 수 있고, 의료진의 방문 진료도 쉽게 받을 수 있다.[72]

---

71 Y. Hatano et al.(2017), "The Vanguard of Community-based Integrated Care in Japan: The Effect of a Rural Town on National Policy", 〈International Journal of Integrated Care〉, 17(2): 1~9.

72 "노인복지주택에 어울려 살며 아프면 지방정부가 돌봐", 〈조선비즈〉, 2019년 1월 3일.

건강한 도시는 커뮤니티 중심의 보건관리 전략뿐 아니라 이러한 프로그램들이 플랫폼을 기반으로 한 의료시스템과 연결되어 노인들이 건강하게 노년을 보낼 수 있는 곳이어야 한다. 노인들에게 적합한 보건 관리가 이루어지기 위해서는 플랫폼을 중심으로 의료가 이루어지는 것 외에도 재활서비스가 연계되고 체력증진 활동과 같은 건강관리 활동, 그리고 흡연이나 음주 등 생활습관 역시 의료 플랫폼과 연결되어 관리되는 것이 필요하다. 또한 노인들에게 건강상 이상이 발생하게 되면 담당의와 가정간호사가 언제든지 돌볼 수 있도록 의료서비스가 제공되어야 할 것이다.

공중보건이
답이다

인구 구조의 변화가 사회 위기가 되다

최근 선진국을 중심으로 인구가 감소하는 현상이 나타나고 있지만, 역사적으로 보면 인류의 번영은 인구 성장으로 나타났다고 할 수 있다. 특히 근대 이후 많은 나라가 위생시설과 보건프로그램을 갖추면서 위생환경 관리, 전염성질병 예방, 생활습관 개선 등 국민들의 건강을 보호하기 위한 여러 가지 조치를 취했고 그 결실은 인구수의 증가로 나타났다.[73]

　　인구 구조는 출생률과 사망률이 높은 사회에서 나타나는 피라

---

73 George Rosen(1958), 《A History of Public Health》, Johns Hopkins University Press.

미드형에서부터, 출생률과 사망률이 매우 낮아지는 과정에서 나타나는 역 피라미드형을 거쳐 최종적으로는 출생률과 사망률이 낮은 상태로 유지되는 막대기형에 이르기까지 매우 빠르게 변화하고 있다. 막대기형은 출생률이 낮지만 사망률 또한 낮아서, 연령별 인구수가 수명의 한계에 이를 때까지 거의 변하지 않는 구조이다. 이러한 인구 구조의 변화는 어떤 요인보다도 사회적으로 큰 영향을 미치고 있으며, 일하고 생각하고 소통하는 방법 등 삶의 많은 부분을 크게 변화시키고 있다. 따라서 이러한 인구통계학적 변화가 가져올 수 있는 미래 사회의 변화에 대처하기 위해서는 인구 변화의 성격과 영향을 잘 이해할 필요가 있다.[74]

지난 2세기 동안 일어난 인구통계학적 변화를 살펴보면 인구가 얼마나 빠르게 변화하는지 충분히 느낄 수 있다. 1750년경 산업혁명이 시작될 즈음의 세계 인구는 약 7억 7000만 명이었는데, 당시까지의 인구 성장률은 매우 미미했다. 그러나 1750~1950년까지 세계 인구의 증가율은 연평균 0.7퍼센트로 증가하기 시작하였고, 1950년이 되자 25억 명 수준에 이르렀다. 그리고 1950~2000년까지 세계 인구는 매년 1.8퍼센트 이상의 가파른 성장률을 보이며 폭발적으로 증가했다. 이러한 인구 증가의 결과 2019년에 발간된 국제연합UN의 세계 인구보고서에서는 지구상

---

74 Government Office for Science, op. cit.

에 77억 명의 인구가 살고 있다고 밝혔다.[75]

현재 여러 선진국에서는 전반적으로 출산율과 인구증가율이 감소하고 있지만, 아시아와 아프리카의 개발도상국을 중심으로 인구가 크게 늘어나고 있어서 유엔은 2050년에 세계 인구가 약 90억 명에 도달하고 그 이후에는 100억 명 수준에서 안정될 것으로 예측하고 있다. 1950년에 25억 명이었던 세계 인구가 100년 동안 네 배에 가깝게 늘어난 이러한 현상은 인류의 번성을 나타내는 것이기도 하지만, 제한된 지구 환경에서 인류 공동체를 지속가능하게 유지해야 한다는 점에서는 여러 가지 숙제를 남기는 것이다.

이러한 인구 변화를 가져오는 가장 중요한 원인은 사망률의 감소다. 사실 18세기 이후 유럽에서 시작된 사망률의 감소가 어떠한 요인 때문인지는 분명하지 않다. 그러나 적어도 18~19세기 유럽은 현대의학의 성과가 본격적으로 나타나기 이전임에도 불구하고 이미 사망률의 감소가 있었던 것으로 보인다. 18세기 후반에는 영국의 의사 제너Edward Jenner에 의해 발견된 천연두 예방 접종과 그 이후 이어진 여러 가지 전염병 예방접종이 사망률의 감소에 상당한 영향을 미쳤을 것이다.

토머스 맥퀀Thomas McKeown은 19세기 중반부터 20세기 중반

---

75 Charles Hirschman, op. cit.

까지 영국과 웨일즈의 특정 전염병의 사망률 감소를 분석하면서 대부분의 전염병 사망률 감소가 효과적인 치료법이 개발되기 전에 이미 나타났다는 것을 밝혔다. 맥퀸에 의하면 사망률 감소의 주된 이유는 먹을거리가 좋아지면서 영양 개선이 이루어졌기 때문이었다. 농업과 축산, 특히 교통망의 확대로 인해, 먹을거리의 공급이 향상되어 질병에 대한 저항력을 높일 수 있었다는 것이다. 아마도 영양 공급의 개선과 함께 비누의 광범위한 사용을 포함해 개인위생이 개선되면서 이러한 변화를 초래했을 것이다.[76]

18세기 이후, 특히 20세기 후반에 일어난 급격한 인구 증가가 개인의 삶뿐 아니라 인류의 번성과 발전에 어느 정도의 영향을 미쳤을지 가늠하기는 어렵다. 다만 인류의 번성과 발전이 각 개인의 기여에 의하여 이루어지는 것이라고 생각한다면, 인구수가 늘어난 만큼 인류는 더 번성하고 발전하였다고 생각해볼 수 있을 것이다. 예를 들어, 2000년에 생존하고 있던 인구는 인류의 출현 이후 그때까지 태어난 것으로 추정되는 820억 명의 거의 8퍼센트를 차지하는 셈이고, 수명이 늘어난 것까지 고려하면 지금까지 인류의 삶의 약 5분의 1을 차지한다. 거기에다 과거보다 훨씬 발전된 기술

---

76 Thomas McKeown, R. G. Brown, R. G. Record(1972), "An Interpretation of the Modern Rise of Population in Europe", 〈Population Studies〉, 26(3): 345~382.

을 가지고 있으므로 현재의 인류는 비교적 짧은 시기에 상당한 업적을 이룰 수 있는 역량을 가지고 있다.

그러나 한편으로는 세계 인구가 증가하는 것과 동시에 생활수준이 계속 상승한다면, 세계의 천연자원과 식량 생산은 한계에 부딪힐 수밖에 없다. 물론 재생가능한 자원과 새로운 에너지 공급과 식량 생산 방법이 개발될 수도 있기 때문에 이러한 상황이 반드시 부정적인 결과만을 초래하는 것은 아니다. 그러나 긍정적인 상황으로 변화시키기 위해서는 이러한 변화에 대처하기 위한 새로운 정치사회적 환경을 만들어가야 한다. 특히 인간의 활동으로 상당한 기후 변화가 발생할 것으로 예상되는 지금, 높은 생활수준을 기대하는 100억 인구로 지속가능한 사회를 만들어가는 것은 쉽지 않은 과제가 될 것이다.[77]

특히 고령자의 인구점유율이 높아지고 어린이의 비율이 감소하는 인구 구조는 미래 사회의 경제적, 사회적, 문화적 구조에 심대한 영향을 미칠 것이다. 예를 들어, 이러한 인구 구조의 변화로 인하여 젊은 사람들의 재정적 부담이 커지게 될 수 있다. 오늘날 복지국가가 시행하는 중요한 정책 중 하나가 근로자 소득의 일정 부분을 노령 인구의 연금으로 이전함으로써 노인들의 건강과 복지를 어느 정도 확보하는 것이다. 그런데 근로연령 인구에 비하여

---

[77] Charles Hirschman, op. cit.

노인 인구의 비율이 높아지면 근로자 1인당 부담해야 하는 세금이 늘어나기 때문에 경제적인 어려움이 생긴다.

이러한 부담을 완화시키기 위해서는 경제 성장을 유지해야 하고, 노인 인구가 아프지 않고 건강하게 살거나 은퇴시기를 늦추어서 연금을 받는 연령을 뒤로 늦추는 방안 등이 마련되어야 하지만, 사실 이러한 방안들은 어느 하나도 쉽게 이루어지기 어렵다. 특히 사회경제적인 제도 기반이 취약한 개발도상국에서도 기대수명이 가파르게 증가하고 노령 인구의 비율이 늘어나고 있기 때문에 개발도상국은 선진국에 비해 훨씬 심각한 문제에 부딪히게 될 수 있다. 따라서 인구 구조의 가파른 변화가 새로운 사회적 갈등으로 번져서 회복하기 어려운 국면으로 이어지기 전에, 어떻게 대응할 것인지 다방면으로 준비해야 한다.

인구 고령화와 사회 비용

사람들의 건강상태가 크게 개선되지 않은 채 인구 고령화가 이루어지면 사회 전체적으로는 그만큼 질병과 장애의 양이 늘어날 것이다. 한 개 이상의 만성질환을 가지고 있거나 알츠하이머 등 치매성질환이 생긴 노인들이 많아질 것이기 때문이다. 예를 들어, 알츠하이머는 65세가 넘으면 발생률이 두 배로 늘어난다. 이러한 질병 발생률의 변화는 의료비의 증가를 초래할 수밖에 없다. 게다가 치매 환자는 나이가 들수록 또 다른 만성질환을 유발할 확률이 높아지기 때문에 의료비용의 증가는 더욱 커지게 된다.[78]

이는 노인이 있는 가정에서는 질병 치료에 들어가는 의료비가 크게 증가한다는 것을 의미한다. 따라서 이러한 가정은 의료비를 감당할 수 있는 재정적인 해결방안을 마련해야 한다. 즉, 노인 인구가 많아질수록 의료서비스 비용을 지불할 수 있는 사람들은 적어지면서 그와 동시에 의료비에 대한 재정적 지원이 필요한 사람은 많아지기 때문에 사회적으로 이를 해소하기 위한 보건 및 복지 시스템을 만들지 않으면 안 된다.

결국 늘어나는 노인 의료비를 사회가 어느 정도 책임져야 하는데, 대개 그 방식은 젊은 노동인구의 소득으로 노인에게 들어가는 비용을 지원하는 방식이다. 즉, 노동인구에게서 얻은 세금으로 노인 의료비를 지원하는 것이다. 그런데 이러한 방식이 계속해서 성공적으로 작동하기 위해서는 노동인구가 감소하지 않아야 한다. 하지만 현재 젊은 노동인구가 줄어들고 있기 때문에 오늘날의 은퇴자에게 지급되는 급여가 미래의 은퇴자에게도 지급될 수 있을지 의문이다. 아마도 지금의 상황이 지속된다면 미래의 은퇴자에게 오늘날과 같은 연금 급여는 지급될 수 없을 것이다. 사실 이는 평생 동안 예금을 예치한 은행이 파산한 것과 다르지 않다. 왜냐하

---

78 Government Office for Science, op. cit.

면 나중에 돌려받을 것으로 생각하고 낸 연금이 바닥이 나서 정작 자신은 처음에 약정한 대로 받을 수 없는 상황이 된 것이기 때문이다.

현재 선진국에서는 돈을 내는 사람과 돈을 받는 사람 사이의 부양 비율이 거의 3:1, 즉 세 명의 근로자가 한 명의 연금 수령자를 부양하는 것에 가까운데, 2030년이 되면 그 비율은 1.5까지 떨어질 것으로 예상된다. 유럽 국가 중에는 1.0 이하로 떨어지는 곳도 있을 것이다. 특히 앞으로 50년 동안 65~84세 인구는 세 배 정도 늘어나리라 예상되고, 85세 이상 노인 인구는 무려 여섯 배가 증가할 것으로 예상되기 때문에 이러한 부양 비율은 더 떨어져서 의료비의 급격한 상승과 부양 부담의 증가는 피하기 어려울 것이다.

특히 인구 고령화 현상은 고령자 비율이 높아짐에 따라 발생되는 경제 부담을 곱절로 가중시키고 있다. 나이가 들수록 장애와 의존도, 건강 비용 등 거의 모든 부문에서의 비용도 함께 증가하기 때문이다. 해가 갈수록 쇠약해지는 건강으로 약물 처방과 입원, 건강검진, 수술, 장기이식, 재활, 물리치료 건수가 크게 증가할 뿐만 아니라 일상생활에서도 도움을 받아야 할 필요성이 급증한다. 미국에서 85세 이상의 나이든 노인들이 소비하는 개인당 건강 비용은 65~74세 사이의 젊은 노인의 약 세 배이다. 또한 나이든 노인이 젊은 노인에 비해 병원에 지급하는 비용은 두 배이지만, 요양시설에 지급되는 비용을 계산하면 그 비율은 20배가 넘는다.

한국의 경우 2016년 전체 진료비 중 65세 이상 진료비가 38퍼센트를 차지하고 있는데, 이는 2006년 21퍼센트였던 것과 비교하면 매우 가파른 속도로 상승 중인 것을 알 수 있다.[79] OECD 전망치 자료에 따르면, 고령화되는 인구 구조 한 가지만으로도 G7 국가의 GDP 대비 의료 보험 비용이 2030년까지 현재의 6퍼센트에서 9퍼센트로 늘어나는 것으로 예측된다. 한편 과거의 기록을 살펴봤을 때 의료 보험 비용의 증가는 임금 상승을 거의 대부분 앞질러왔다. 미국의 가입자 1인당 메디케어 지출이 해마다 임금 상승률을 대략 4퍼센트씩 상회하여 증가한 것을 예로 들 수 있다. 이는 현재의 사회구조로는 고령화 현상과 의료비용 증가를 감당하기 어려워진다는 것을 의미한다.

사회가 고령화되고 재정 부담이 쌓여가는 중에 일어나는 출산율 저하는 세계 경제를 더욱 위기로 몰아갈 것이다. 젊은 인구 특히 노동 인구가 줄어들면서 성장률이 정체되거나 감소하게 되는데 GDP에서 보건의료비가 차지하는 비율이 계속 높아진다면 사회의 지속가능성에 대한 심각한 논쟁이 생길 것이다. 고령화가 지속될수록 재정적 여유는 줄어들기 때문에, 노인 인구를 지원하는 공공 의료비는 어느 정도 제한적으로 사용될 수밖에 없다. 그런데

---

79 건강보험심사평가원 홈페이지.

의료비 지원이 제한적으로 이루어지면 그 파장이 사회적인 문제, 정서적인 반응, 그리고 궁극적으로 정치 영역으로 이어지게 되고 결과적으로는 복지 연금보다 훨씬 심각한 사회 분열의 문제가 될 수 있다. 복지연금은 대개 일정한 원칙에 따라 모두에게 일반적으로 적용되지만, 의료서비스는 각 개인이 가지고 있는 질병에 따라 크게 달라지는 개별성이 있기 때문이다. 즉, 제한된 자원을 일부 환자의 의료비로 대부분 사용하게 되는 경우 혜택을 보지 못하는 사람들을 중심으로 사회적 갈등이 초래될 가능성이 크다.

한편 사람들의 은퇴시기가 조금 늦추어 진다면 재정적 부담이 크게 완화될 수 있다는 논리가 성립된다. 따라서 은퇴 연령을 인류의 수명 증가에 연동시켜 70세나 75세로 늦추려는 개선안에 관심이 모아지는 것도 당연하다. 은퇴가 한 해 늦춰질 때마다 한 해 동안의 연금이 절약되고, 동시에 한 해 동안의 근로소득에 대한 세금이 확보된다. 예를 들어, 미국 사회보장청에서는 사람들이 노인이라고 생각하는 최소 나이(현재 65세)를 50년에 걸쳐 10년마다 한 살씩 늦춰 잡을 경우, 고령자의 부양 지수 상승을 75퍼센트까지 상쇄시키는 효과가 있다는 보고서를 발표했다. OECD의 계산도 마찬가지이다. 은퇴 연령을 단계적으로 70세까지 높일 경우 궁극적으로 거의 모든 나라에서 현재 추정하고 있는 총 연금 지출을 20~40퍼센트까지 낮출 수 있을 것으로 예측하였다.

고령화는 사회의 가장 기본적인 구성단위인 가정에도 적잖은 변화를 불러올 것이 분명하다. 미래의 가정은 크기는 작아지되 어린 자녀에서 조부모의 세대까지 같이 살거나 이웃하여 사는 수직화 현상이 나타날 가능성이 크다. 이런 현상이 구성원으로 하여금 자녀를 양육하고 노인을 돌보며 서로 협력하여 더불어 살아가는 가족의 순기능으로 작용할지, 아니면 가정 내 세대 간의 단절과 가족의 기능 상실이라는 역기능으로 이어질지는 확실하지 않다. 하지만 특별한 대책이 취해지지 않는다면 전자보다는 후자의 가능성이 더 커 보인다. 이렇게 가정의 기능이 상실된다면, 전통적으로 가정의 몫이었던 기능을 정부가 맡아야 하고, 그렇지 않아도 부족한 공공자원에 대한 수요의 문제가 더욱 복잡해질 것이다.

이와 같이 고령화는 경제구조를 초월해서 사회생활 전반에 변화를 초래할 것이 분명하다. 은퇴 생활과 보건 의료는 물론, 가정과 사회 전반에 심각한 변화가 불어 닥칠 것이다. 이런 변화들이 미래의 모습이나 사회의 활력에 어떤 식으로 작용하게 될까? 고령화 사회가 미래 사회에 성공적으로 자리 잡기 위해서는 교육, 일, 그리고 은퇴로 이어지는 3단계의 라이프 사이클을 재구성해야 한다. 가장 중요하게는 노인을 생산적인 주체로서 사회적 생산성 향상에 기여하며 사회의 주요 구성원으로 통합시킬 수 있어야 한다. 이런 난제들은 현재 사회에서 정한 삶의 3단계를 순서대로 따라가는 것이 아니라 현재의 은퇴 연령인 65세를 훨씬 넘어서 다시 교육받고 사회에 기여할 수 있는 일을 할 수 있는 여건을 어떻게

만들어가는지에 달려 있다.[80]

공중보건의 쓸모

1918년 스페인에서 발생한 독감은 인플루엔자바이러스가 일으킨 폐렴으로 과거에 경험하지 못한 규모로 전 세계로 퍼져 나갔다. 이로 인하여 5천만 명에 가까운 사람들이 사망하였다. 돼지에서 사람으로 바이러스가 옮겨간 후, 다시 사람 간의 전염이 폭발적으로 일어난 것이다. 신종 바이러스는 이보다 규모는 작아졌지만 여전히 폭발적인 위력을 가지고 세계적 유행을 일으키곤 한다. 사스, 메르스, 그리고 코로나19의 유행을 보면 인류는 여전히 전염성질환의 위협에서 크게 벗어나지 못한 것을 알 수 있다. 이러한 전염성질환의 확산을 막기 위해서는 지역사회의 체계적인 방어 전략과 조직적인 노력이 필요하다. 이와 같이 개인적인 노력이 아니라 지역사회 수준에서 질병을 예방하고 건강을 증진시키려는 기술과 과학이 공중보건이다.

공중보건의 역사를 보면 사람들이 어떻게 건강을 유지하고 질병을 경험하는지, 사회, 경제, 정치 시스템이 어떻게 건강하거나 건강하지 못한 삶을 가져오는지, 또 각 사회가 어떻게 질병을 생산

---

80 피터 G. 피터슨(2002), 강연희 역,《노인들의 사회 그 불안한 미래》, 에코리브르.

하고 질병이 전염되는 조건을 만들어내는지를 알 수 있다. 물론 사회적 수준에서만이 아니라 개인도 각자가 건강을 증진하거나 질병을 피하려는 노력을 하기 때문에 공중보건의 역사는 사회시스템이나 기관들의 역할뿐 아니라 개인으로 이루어진 사회 구성원들의 생활상을 보여주는 역사라고도 할 수 있다.

영국의 프리드리히 엥겔스Friedrich Engels와 독일의 루돌프 피르호는 산업혁명 이후 자본주의가 발전하면서 본격적으로 나타나기 시작한 노동의 착취를 보여주면서, 비위생적이고 건강하지 못한 사회적 상황을 드러내고 이러한 문제들을 해결하기 위한 방편으로 공중보건을 이용하였다. 즉, 공중보건의 문제를 사회를 개혁하기 위한 중요한 지렛대로 보았다. 이와 같이 사람들의 건강과 관련된 문제의식은 자연스럽게 권력과 이념의 문제로, 또 이와 결부된 사회적 통제와 장치, 더 나아가 대중의 저항과 정치참여로 이어질 수 있다.[81]

공중보건의 문제는 과학기술적 문제이기도 하지만 정치적 의사결정 단계를 거치지 않고는 성공적으로 추진될 수 없다. 예를 들어, 예방접종의 의무화, 수돗물 불소화, 자동차 안전벨트, 흡연의 규제 등 건강과 관련된 많은 대책이 정치적으로 법제화되어야 수행될 수 있다. 물론 모든 공중보건 이슈가 본질적으로 정치적인 의

---

81 George Rosen, op. cit.

제가 되는 것은 아니다. 그러나 인구 건강과 그 결정요인들은 정치적인 결정에 의하여 크게 영향을 받기 때문에 정치적 의사결정 방식이 그 사회의 건강 수준을 결정하는 매우 중요한 요인이 된다. 예를 들어, 피르호는 안전한 식수 공급과 위생 시설을 통해 전염병을 통제하기 위해서는 정부의 결정이 필요하다고 생각하고 실제로 이러한 결정에 깊이 관여하였다.[82]

공중보건에 대한 우려 및 그 영향력은 1848년 여름 콜레라 전염병이 영국을 휩쓸면서 분명하게 나타났다. 콜레라로 인한 사망자는 런던에서 가장 많이 발생하였는데, 당시 런던에서 발생한 7,466명의 사망자 중 4,001명이 노동자가 밀집하여 살던 템스강 남쪽에서 발생했으며 이는 주민 1천 명당 거의 여덟 명에 해당하는 사망률이었다.[83] 이러한 사건을 계기로 1848년 8월에 공중보건법이 왕실의 승인을 받으면서 지역사회 주민의 건강을 지키기 위한 법적 장치가 마련되기 시작하였다.

---

82 J. P. Mackenbach(2009), "Politics Is Nothing but Medicine at a Larger Scale: Reflections on Public Health's Biggest Idea", 〈Journal of EpidemiologyCommunity Health〉, 63: 181~184.

83 John Snow(1854), 《On The Mode of Communication of Cholera》, JOHN CHURCHILL, PRINCES STREET, SOHO.

자본주의 속 공중보건의 기능

공중보건법의 제정은, 지역사회 주민의 건강을 증진시키는 것과 동시에 건강한 노동력의 확보라는 측면에서 중요한 의미를 가진다. 그리고 이는 자본주의와 자유주의의 태동과 궤를 같이 한다. 자본주의를 운영하는 축은 노동력과 이윤이며, 이는 경제적 자유를 바탕으로 하지만, 이러한 자유는 정부의 규제 및 통제를 어느 정도 수반한다는 것을 나타낸다. 자본주의를 밑받침하는 자유주의가 결국 건강한 노동력을 확보하기 위하여 국가의 규제와 통제를 수반할 뿐만 아니라 이를 크게 증가시킨 것이다. 다소 모순적으로 보이는 현대사의 놀라운, 그러면서도 불가피한 사건이라고 할 수 있다.

가장 먼저 자본주의와 노동력을 연결한 사람은 아담 스미스로, 그는 시장 경제에서 '보이지 않는 손'의 역할을 주장하며, 노동의 분화와 더불어 '노동자의 상태', '노동자의 역할'이란 화두를 국가적 논의로 부상시켰다. 아담 스미스는 노동 분업이 노동력에 있어서 가장 중요한 진보라고 언급했다. 노동의 분업을 통해 노동자는 자신이 수행하는 일의 양을 증가시키고 전문성을 기르며 나아가 자신의 사업을 확장하며, 그의 일생에 있어 고용의 기회와 자본 축적의 기회를 가질 수 있게 된다고 하였다.

이 같은 논의에서 놓치지 말아야 할 점은 아담 스미스가 추구하는 자본주의와 자유주의의 바탕에는 노동력, 즉 노동을 수행하는 '건강한' 신체가 이미 가정돼 있다는 점이다. 보이지 않는 손이 작동하기 위해서는 건강한 노동력은 시장 생산력의 필수불가결한 전제 조건이다. 시장이 요구하는 생산은 건강한 노동력의 공급 없이는 불가능했기 때문이다. 건강한 노동력은 고용 기회와 직결되어 있고, 시장경제의 기반인 자유주의의 기초 토대였던 셈이다.

건강한 노동자의 공급 문제는 경제적 자유와 정치적 자유주의의 교리를 펼쳐나가는 데 매우 중요한 의제이다. 20세기에 들어서자 공장 노동에서의 유해물질 노출과 위험한 작업조건에서 발생하는 건강문제들이 본격적으로 드러나기 시작하였고, 이러한 노출에 따른 영향을 예방하거나 개선하기 위한 조치가 취해졌다. 개혁은 노동조합, 지역사회 지도자, 국회의원, 그리고 의사들의 노력에 의해 조금씩 이루어졌다. 게다가 노동자의 건강은 공장 내에서뿐만 아니라 공장 밖의 환경에 의한 영향을 받는다. 그리고 작업자의 건강에 영향을 미치는 작업환경 또한 지역사회 전체에 부담을 줄수 있다.

그런 의미에서 공중보건법 혹은 위생법의 제정은 단순히 인도주의적 정서나 사회적 양심에 따른 것이 아니라 사회경제적인 질서를 만들기 위한 정치적인 이유에서부터 비롯되었다고 할 수 있다. 하수처리나 식품오염 등에 의하여 야기된 전염병을 대처하기 위한 여러 가지 방안은, 빈곤층이나 노동자들에 대한 우려에서 나왔다기보다는 자본주의와 자유주의 질서를 유지하기 위한 공동체의 문제라고 깨달았기 때문이다.

공중보건이 건강한 노동력을 확보하여 사회경제적 발전을 이루는 데 중요한 역할을 해야 하는 것은 오늘날에도 마찬가지이다. 19세기와 20세기에 위생적 환경을 만드는 일이 공중보건의 중요한 임무였다면, 21세기에는 전염성질환과 만성질환에 대한 전략과 함께 인구가 노령화되면서 나이든 노동자들을 사회적 생산에 참여시키는 것이 중요한 임무라고 할 수 있다. 앞으로는 사회의 생산성과 경제적 성공은 점차 나이든 노동자들의 성공과 관련 있을 것이다. 수명이 길어지면서 더 오래 일할 수 있도록 하고, 또 길어진 은퇴에 필요한 재정적, 정신적 자원을 제공해야 할 것이다. 근로자들이 끊임없이 변하는 새로운 기술과 노동세계에 대한 변화에 유연하게 적응할 수 있도록 하는 것은 노동자들의 노동력 유지뿐 아니라 사회 전체적으로 보다 더 나은 미래 사회를 실현하는데 필수적이기 때문이다.[84]

최대 다수의 최대 행복

자유는 인간의 기본권이고 소망하는 것을 이룰 수 있는 상태이지만 이를 실현할 수 있는 역량을 갖추기 위해서는 건강, 소득과 부,

---

84 Government Office for Science, op. cit.

지적 능력 등이 필요하며 그중에서도 건강은 필수적인 요소이다. 따라서 자유가 인간의 기본권이라면 건강 역시 인간의 기본적인 권리라고 할 수 있다.

건강을 인간의 권리로 인식하기 시작한 계기는 오늘날의 후진 국들에서 일어나고 있는 현상과 유사한 상황을 겪고 있었던 18세기 영국의 산업혁명이 가져왔다. 과거 농민이었던 인구의 대규모 도시 이동은 비위생적인 환경 조건과 새로운 전염병 창궐을 가능하게 하는 상황을 만들어냈다. 적나라한 도시환경은 질병을 만연하게 하였고 그 결과는 위생 운동이라는 형태로 발전했다. 그리고 이 운동은 공중보건에 대한 새로운 일련의 가치들을 만들었다. 건강이 중요한 사회적 가치라는 인식이 확산되기 시작한 것이다.

18세기 산업혁명 이후, 대규모의 노동자들이 도시로 모여들었고 제대로 된 시설을 갖추지 못한 도시에서는 집단 거주가 무분별하게 이루어졌다. 그들은 공장에서 뿜어져 나오는 연기와 오염된 물, 밀폐된 공간, 열악한 노동 조건 등으로 고통 받았다. 이러한 문제들을 목격했던 에드윈 채드윅이 위생 개혁 운동을 시작했고, 위생도시가 필요하다는 주장을 하게 되었다. 그에게 질병은 가난을 가져오는 것이었고, 가난은 질병과 무능의 원인이 되어서 이는 또다시 가난을 가져오게 하는 것이었다. 따라서 그는 공중보건을 질병과 빈곤을 퇴치하여 사회 발전을 가져오는 수단으로 생각하였다.

여기에는 건강한 노동자가 더 오래 일할 수 있기 때문에 사회적 생산력이 증가한다는 것과 환경을 개선해 노동자들을 건강하게 함으로써 더 많은 생산력을 확보하는 것이 실질적으로 더 많은 사람의 이익을 보장한다는 생각이 깔려 있다고 할 수 있다. 공리주의의 슬로건인 "최대 다수의 최대 행복"을 공중보건에 적용하고자 한 것이다. 결국 사회 전체의 이익을 위해 건강을 확보하지 않는다면 사회의 진보가 어려워지고, 나아가 위기에 처할 수 있기 때문에 건강을 기반으로 한 행정적 계획을 실현하는 것이 상당히 중요하다고 생각하였다. 그리고 이러한 생각은 이후에 위생도시의 계획으로 이어질 수 있었다.

한편 프리드리히 엥겔스는 영국 노동 인구의 위생 상태를 조사하기 위해 채드윅이 1842년에 작성한 〈영국 노동인구의 위생상태 보고서〉를 참고했으며, 그는 채드윅의 인과적 관계를 뒤집어서 가난이 질병을 유발한다고 주장하였다. 엥겔스는 1845년에 출간한 《영국 노동 계급의 상황》이라는 저서를 통해 산업혁명 당시 노동자들의 열악한 생활환경과 건강상태를 신랄하게 고발하였다. 이렇게 영국 노동자들의 열악한 상황이 낱낱이 보고되자, 노동자들의 건강과 위생시설을 개선하라는 여론이 생겨났다. 엥겔스에게 건강은 그 자체로 사회적, 정치적 가치이자 사회를 변혁하려는 도구였던 것이다.

1948년 12월 10일, 유엔이 채택한 세계 인권 선언은 "모든 사람은 자신과 가족의 건강과 안녕에 적합한 생활수준을 누릴 권리가 있다."고 하였다. 건강을 권리로서 다룬다는 것은, 건강이 운명이나 주어진 것이 아님을 뜻한다. 이를 통해 건강은 권리로서 인정받았고, 권리를 보편적으로 누릴 수 있어야 한다는 사회 정의의 시각으로 건강을 바라보게 되었다.[85] 이러한 시각으로 볼 때 건강은 사회적으로 공정한 기회를 보장하는 중요한 요소이다. 즉, 건강을 보장한다는 것은 시민으로서 생활을 하는 데 있어서 필요한 기회를 공정하게 제공한다는 의미를 가진다.[86]

이와 관련하여 머빈 수서Mervyn Susser는 건강할 기회를 위해서는 몇 가지 중요한 권리가 보장되어야 한다고 주장했다. 우선, 공동체 사회의 모든 구성원이 적절한 의료서비스에 대한 동등한 접근을 가져야 한다고 하였다. 그리고 모든 사회 구성원이 형평성 있는 건강상태를 가져야 하는데, 특히 사회적으로 취약한 사람들의 건강을 증진하려는 선의가 반드시 있어야 한다는 것이다. 또한 모든 구성원이 건강을 유지하기 위하여 자기주장을 할 수 있는 공평한 사회정치적 장치가 있어야 한다고 하였다. 즉, 건강권과 관련된

---

85 Mervyn Susser(1993), "Health as a Human Right: An Epidemiologst's Perspective on the Public Health", 〈American Journal of Public Health〉, 83(3): 418~426.

86 김창엽(2009),《건강보장의 이론》, 한울아카데미.

문제에 대해 발언하고 조직할 자유를 가져야 한다는 것이다.[87] 기본적인 권리로서의 건강권을 실현하기 위한 원칙을 잘 설명한 것이다.

---

[87] Mervyn Susser(1993), "Health as a Human Right: An Epidemiologst's Perspective on the Public Health", 〈American Journal of Public Health〉, 83(3): 418~426.

팬데믹 생존 해법 3
생존 경제 시스템의 구축

건강하고 지속가능한 도시

산업혁명 이후, 생활환경이 건강에 크게 영향을 끼친다는 것을 경험하면서 주민들의 건강을 고려한 도시를 만들고자 하는 노력이 본격적으로 시작되었다. 그 일환으로 영국에서는 '주택 및 도시 계획 등에 관한 법'이 1909년에 제정되면서 환경 개선의 차원을 넘어서 '도시 계획'이라는 개념이 들어 있는 최초의 법안이 만들어졌다. 이 법안의 주 내용은 주택을 다닥다닥 붙여서 짓는 것을 금지하기 위함이었고, 1919년에는 개정법으로 의무화되어 더는 비위생적인 밀집 주택은 지을 수 없게 되었다.

에베네저 하워드Ebenezer Howard는 당시 영국에서 도시 계획의 개념을 주장했던 대표적인 사람이었다. 1898년에 책을 통해 전원

도시 모델을 소개하였는데, 그는 현대 산업도시의 모형은 사람의 정착지로 적절치 않다고 생각하였다. 인간의 욕구와 열망은 도시와 시골의 가장 좋은 요소를 결합한 새로운 형태의 정착지를 통해 충족될 수 있다고 생각한 것이다. 그리고 전원 형태의 정착지에서 새로운 사회적, 경제적 관계를 만들어 나가는 것이 가능하다고 보았다. 그는 특히 대도시 중심가로의 농업인구 이동과 그에 따른 농촌인구 감소, 대도시 빈민가의 성장과 이에 따른 도시 과밀화, 특히 대도시의 비위생적 조건들을 전원도시가 해결할 수 있다고 믿었다.

한편, 미국에서는 프레드릭 로 옴스테드Frederick Law Olmsted가 인구 밀집의 문제점과 위생 시설이 부족한 도시 디자인을 비판하면서 새로운 도시 모델을 제안했다. 그는 고밀도의 건축물이 밀집되어 있는 도시의 형태가 과연 건강한 삶을 살 수 있는 지역인지 의문을 품었다. 그는 건축물의 밀도를 낮추기 위해서 나무와 같은 식물이 있는 공간, 그리고 공원이나 광장과 같은 개방된 공간이 도시 환경에서 필수적인 요소라고 주장했다. 나아가 원형으로 도시를 둘러싼 교외 지역이 도시를 건강하게 만드는 해결책으로 보고, 넓은 도로와 공원으로 구성되어 있고 교외 지역으로 둘러싸여 있는 도시가 이상적인 도시라는 견해를 가지고 있었다.[88]

---

88 Peter Batchelo(1969), "The Origin of the Garden City Concept of Urban Form", ⟨Journal of the Society of Architectural Historians⟩, 28(3): 184~200.

사실 산업혁명을 기점으로 공장 단지 주변으로 형성된 노동자들의 집단 거주가 초래한 문제점들이 이와 같은 도시 계획에 대한 논의를 촉발시킨 계기가 되었다. 특히 노동자들의 건강악화로 인한 사회적, 경제적 문제는 당시 매우 큰 문제였다. 사회적 갈등이 심화되면서 인구 분산, 더 나아가 빈민가와 부유한 지역을 나누는 거주지역 분리를 위한 도시 계획을 시행하기에 이르렀고, 이러한 계획을 실현한 다양한 도시들이 나타났다. 하지만 이러한 도시들은 건강을 증진시키는 데 있어서 그리 성공적이지 못하였다.

　　도심을 중심으로 한 위성 도시에 인구를 분산시키려는 정책은 사람들의 건강에 단기적으로는 긍정적 영향을 끼치는 것으로 보였으나 장기적으로는 그렇지 않았다. 우선 위성도시에 거주하는 시민들이 퇴근을 하게 되면 중심도시는 밤마다 슬럼화되었고, 오고 가는 거리를 자동차로 이동해야 했기에 신체 활동 저하와 대기오염의 악화를 초래했다. 이외에도 사람 간의 교류가 적어지고 도시의 안전 문제가 생기는 등 미처 생각하지 못했던 문제들이 발생하였다. 따라서 거꾸로 인구가 분산되지 않게 하는 해결책이 필요하였는데, 새로운 도시 모형으로 등장한 것이 밀집 도시compact city의 개념이다. 특히 이 같은 새로운 도시 모형을 앞장서서 주장했던 제인 제이콥스Jane Jacobs는 '활기찬 도시' 모델을 내세우며 분산됐던 인구를 다시 도시 내에 집중시킴으로써 도시민 간의 상호작용을 증가시키고 도시 자체를 생동감 있게 활성화하자고 주장하였다.

도시 개발의 모형들이 이와 같이 발전해왔지만 사실 대부분의 경우 도시의 효율성과 미적인 요소 그리고 경제적 활동만 강조한 나머지, 인구의 건강은 그동안 중요한 고려 대상이 되지 못했다. 물론 산업혁명 시기에 노동자들의 열악한 생활환경과 이로 인한 건강상태가 경제에 미치는 영향을 경험적으로 습득하면서 현대 도시는 기본적인 위생시설을 갖추어 왔지만, 이러한 시설로 세계화 시대의 현대인이 겪는 질병을 예방하고 건강을 증진할 수는 없다.

20세기 초에 도시로 인구가 모여들었을 때는 오늘날과 같이 한 지역에서 발생한 전염병이 며칠 안에 도시 전체로 퍼져나갈 뿐 아니라 전 세계로도 퍼져 나갈 수 있을 것으로는 생각하기 어려웠을 것이다. 1918년에 인플루엔자바이러스에 의하여 5천만 명의 희생자를 내었던 스페인 독감뿐 아니라 최근에도 주기적으로 오는 범유행성 바이러스 전염병은 특히 인구가 밀집된 형태로 있는 도시를 중심으로 발생한다. 그리고 세계화로 사람 간의 교류가 커지면서 질병 전파가 점점 더 폭발적인 양상으로 일어난다. 이러한 전염병의 발생과 전파를 개인의 책임으로 돌릴 수는 없다. 이제는 도시 계획 속에 전염병의 문제를 해결할 수 있는 방안이 포함되어야 한다.

당뇨병이나 심장질환과 같은 만성질환 역시 개인의 생활습관 개선을 통해 예방하거나 치료해보려고 하지만, 개인의 노력만으로는 현대인이 가지고 있는 이 같은 병을 해결하기 쉽지 않다. 대부분의 만성질환은 그 근본원인, 즉 원인 중의 원인이라고 할 수 있는 사회적 요인들에 의하여 영향을 받기 때문이다. 도시의 모형 혹은 커뮤니티 디자인은 결국 인간의 행동에 영향을 미치며 현대인의 건강 수준에 결정적인 영향을 주기 때문에 도시 자체가 변화해야 하는 것이다.[89]

그런데 오늘날의 도시 역시 몸집만 거대해졌을 뿐, 인간의 건강에 미치는 영향에 대해서는 충분한 고려 없이 설계되고 만들어지고 있다. 도시는 사람들이 모여 사는 공간이기에 사람들의 활동을 중심으로 설계되는 것이 당연하지만, 주변 환경과 상호작용 그리고 사람 간의 상호작용을 하는 공간이기도 하기 때문에 건강에 영향을 주는 환경문제와 사람 간의 관계성을 반드시 고려해야 한다.

최근에 논의되고 있는 '스마트 도시'를 설계할 때도 이러한 상호작용을 고려하는 것이 필요하다. 기능을 중심으로 편의성을 갖춘 도시 그리고 인간 활동의 효율성만을 고려한 도시가 진정한 인간 중심적인 도시라고 할 수는 없다. 이러한 도시의 디자인은 도리어 인간성이 결여되고 건강에 부정적 영향을 미칠 가능성이 크다. 주변 환경과 인간은 동떨어진 별개의 것이 아니기 때문이다. 따라서 이를 분리하고 구분하는 방식으로는 현대 도시가 직면한 문제

---

89 Lawrence Frank, op. cit.

들에 적절하게 대응할 수 없다.

대기오염이나 열섬 효과, 녹지의 감소, 그리고 고립감과 같은 문제들도 도시 계획에서 충분히 다루어져야 한다. 또한 건강문제가 발생했을 때 개인적 수준에서만이 아니라 도시 차원에서 대응할 수 있는 의료서비스 체계가 도시 계획에 포함되어야 한다. 그리고 무엇보다도 도시 안에서 생활하고 있는 사람들이 안전하게 활동하며 서로 돕는 환경이 되도록 도시를 만들어가는 것이 중요하다.[90]

1986년에 세계보건기구는 도시의 물리적, 사회적 환경을 지속적으로 개선하며, 사람들이 기능을 적절하게 수행하고 그들의 잠재력을 최대화할 수 있도록 지역사회 자원을 이용한다는 목표를 세우고 건강도시Healthy City프로젝트를 시작하였다. 이 프로젝트의 궁극적인 목적은 건강을 증진할 수 있는 환경을 만들고 삶의 질을 향상시키며 기본적인 위생시설과 의료서비스를 제공하는 것이었다.[91] 아쉽게도 건강도시 프로젝트는 전 세계의 많은 도시가 건강에 더욱 관심을 갖게 하는 데에는 성공했지만, 시민의 건강을 증진시키기 위한 활동과 정책이 도시의 설계나 건축에 실질적으로 반영되는 데에는 큰 성공을 거두지 못했다. 이제는 과거의 실패를 발판 삼

---

90 배형민(2017), 《공유도시》, 워크룸프레스.

91 World Health organization 홈페이지.

아 건강하고 지속가능한 도시를 만들어가야 할 때이다. 포용적이고 안전하며 회복력 있는 지속가능 도시를 만들어갈 때, 비로소 도시가 제 기능을 하며 주민들은 건강한 삶을 살 수 있을 것이다.[92]

건강도시의 먹을거리

고대 이란, 시리아, 이라크 등 메소포타미아 문명의 초기 도시 주민들은 대부분 집집마다 채소를 경작했다. 이러한 경작이 가능했던 이유는 전형적인 초기 도시들이 농사짓기 좋은 농경지에 자리 잡았기 때문인지 모른다. 이러한 농경지는 사무용 건물이나 공동주택 또는 공장을 짓기에도 적합했기 때문에, 사람들은 그 지역에 건축물을 세워 도시를 이루고 신선한 과일과 야채를 거래하는 시장을 형성하였다.

하지만 산업혁명, 거대 도시의 등장, 냉장고 발명과 같은 현대적인 특징들은 도시 경작을 구시대적 유물로 만들었다. 특히 도시에서 산업용 폐수와 가정용 폐수를 같은 하수관에 흘려보내던 무렵에는 하수의 독성이 너무 강해 관개용수로 활용할 수도 없었다. 그런데 최근 들어 급격한 도시화와 비효율적이고 비싸기만 한 수송 비용, 늘어만 가는 식량 수요, 그리고 안전한 먹을거리에 대

---

92 UNESCAP 동북아사무소 홈페이지.

한 염려로 인하여 도시 내에서 경작에 대한 요구가 다시 늘어나고 있다. 결국 고대 도시에서 도시 경작이 필요했던 상황이 현대에 와서 재등장하게 된 것이다. 다행히 도시의 정치인과 기업인, 그리고 도시 계획전문가들도 생태적, 사회적, 그리고 영양학적 문제를 해소하기 위해 중요한 정책으로 도시 농업을 고려하기 시작했다.

토론토 식량정책위원회의 웨인 로버츠Wayne Roberts는 도시 농업이 도시민의 건강을 위한 공중보건의 새로운 선구자이며 건강에 두 가지 이로움을 준다고 하였다. 도시 농업을 통해 도시민에게 보다 건강한 식량을 제공할 수 있고, 식량을 재배하면서 신체 활동을 할 수 있게 하기 때문이다. 도시 농업이 식량 제공과 신체 활동뿐 아니라 사람들 사이의 상호작용을 강화시키며 건강에 영향을 주는 사회적 결정요인들을 좋은 방향으로 변화시킨다고 보았다. 뉴저지 식량정책연구소의 앤 벨로스Anne Bellows에 따르면 신체적 건강을 넘어 "도시 농업은 사람들을 공적 공간으로 끌어들임으로써 지역사회를 성장시키고 교육의 기회를 제공하며 건강한 생활방식과 함께 즐거움을 낳는다".93

도시 농업을 하는 방법에는 뒷마당이나 옥상 정원뿐 아니라 아예 건물 내에서 농작물을 키우는 방식이 새롭게 등장하고 있다. 기

---

93 월드워치연구소(2006), 오수길 외 역,《도시의 미래》, 도요새.

술의 발전으로 실내에서 농작물이 자라는 데 최적화된 습도와 온도를 맞춤으로써 농작물을 보다 잘 키울 수 있게 된 것이다. 건물 내에 한정된 공간을 사용하기 때문에 넓은 부지를 사용하는 것이 아니라 수직으로 쌓아 올린 일자 형태의 구조물이 주목을 받고 있다. 이와 같은 기법을 적용한 수직농장 중 하나가 싱가포르의 스카이그린이다. 전통적인 농장은 평방미터당 한 달에 2~3킬로그램씩 생산하는 반면, 스카이그린은 하루 최대 30킬로그램의 채소를 생산할 수 있으며, 평방미터당 월 6~7킬로그램의 채소를 생산할 수 있다. 수직농장은 최소한의 토지, 물, 에너지 자원을 사용하여 안전하고 신선하며 맛있는 채소를 보다 많이 생산할 수 있다는 장점이 있다. 이러한 장점은 농업이 도시에 녹아들어가서 중요한 경제 활동을 자리 잡을 수 있다는 것을 시사한다. 도시 인구가 계속 증가하고 전 세계적으로 경작지가 급격히 감소함에 따라, 이와 같이 식량 생산 방식의 근본적인 변화가 필요하다.[94]

실내 농업이 가진 이점은 다양하다. 우선 환경적 이점으로는 먼 농장과 지역 시장 사이의 이동 거리를 줄여 이동 비용을 크게 감소시키고 기후 변화와 대기오염에 영향을 주는 탄소 배출을 줄

---

94 Kurt Benke, Bruce Tomkins(2017), "Future Food-production Systems: Vertical Farming and Controlled-environment Agriculture", 〈Sustainability: Science, Practice and Policy〉, 13(1): 13~26.

일 수 있다. 또 정밀 관개 및 효율적인 관리를 통하여 물을 많이 사용하지 않는 첨단기술의 재배 방법을 사용할 수 있다. 수경화가 되면 흙이 필요 없고 영양소와 물 공급만으로도 대량의 농작물 수확이 가능해진다. 통제된 실내 환경에서 작물을 재배하는 것은 농약과 제초제의 과도한 사용을 줄이고 화학물질에 오염되지 않은 건강한 유기농 식품을 제공한다는 면에서 건강상의 이득도 크다. 경제적 이점으로는 기후 변화나 환경적 요인을 조절할 수 있기 때문에 일 년 내내 원하는 시기에 작물을 수확할 수 있고, 용지 면적당 더 많은 수확량을 제공할 수 있다. 또한 도시 지역에 필요한 '친환경' 일자리를 제공함으로써 지역 경제 활성화를 가져올 수 있다.[95] 이러한 도시 농업이 지속되고 성공적이려면 식량 생산성이 높고 안전이 보장되며, 무엇보다도 환경적으로 건강한 도시를 만들려는 계획 속에 도시 농업이 포함되어야 한다.

건강도시의 활동 구조

과거, 특히 산업혁명 이전에는 일상에서 이루어지는 신체 활동이 하루치 운동량으로 충분하였기에 문제가 되지 않았지만, 오늘날

---

95 Kheir Al-Kodmany(2018), "The Vertical Farm: A Review of Developments and Implications for the Vertical City", 〈Buildings〉, 8(24): 1~36.

에는 인간이 직접 했던 일의 상당 부분을 기계가 대신하고 있기 때문에 훨씬 적은 활동을 하고 있다. 사실 현대 도시는 일상생활에서 충분한 신체 활동을 하기 어려운 환경이 되었다. 그 결과, 신체 활동을 하기 위해서는 별도로 시간을 내서 운동을 해야 한다. 의사들은 매일 30분 이상의 가벼운 운동 등 적당한 신체 활동을 지속하는 게 장기적인 건강 이익을 창출한다고 믿지만, 이를 실천할 수 있게 하기 위해서는 신체 활동이 가능한 환경을 조성하는 것이 필요하다. 따라서 미래 도시에서 중요하게 다뤄야 할 문제 중 하나가 이것이다. 운동을 하기 위해 시간을 할애하는 것이 아니라, 생활 속에서 자연스럽게 신체 활동이 이루어지도록 계획해야 한다.

2010년 한 해에만 전 세계 인구 중 약 3만 2천만 명의 사망자가 불충분한 신체 활동으로 사망했다. 신체적 활동 부족은 관상동맥질환, 당뇨병, 대장암, 유방암 등 주요 만성질환의 위험을 증가시키며 기대수명도 감소시킨다. 따라서 신체 활동을 할 수 있도록 도시의 토지 이용과 교통 계획을 잘 세울 필요가 있다. 도시의 생활환경은 집, 거리, 사무실, 주차장, 쇼핑몰 등의 특정 장소들로 이루어져 있다. 이러한 도시 공간을 잘 구성하면 주택이나 사무실, 오락 공간 등 서로 다른 특성을 가진 장소를 가까운 거리에 두어서, 도보 이동이나 자전거 이용을 보다 실용적이게 만들 수 있을 것이다. 이와 같이 일상적인 활동으로 신체 활동을 촉진

시키는 도시를 만든다면, 건강을 증진시킬 수 있는 좋은 방안이 되는 것이다.[96]

걷기 및 자전거 타기는 일상생활과 연결하여 쉽게 할 수 있는 적절한 신체 활동의 두 가지 유형이다. 걷기와 자전거 타기는 이동과 신체 활동이라는 목적을 모두 달성할 수 있으며 동시에 자동차 의존도를 낮출 수 있다. 걷기의 경우 자전거 타기보다 기술이나 장비 그리고 인프라가 덜 필요한 반면, 자전거는 보다 먼 거리의 이동을 쉽게 할 수 있게 한다. 걷는 것은 심혈관계 용량, 신체 지구력, 하체 근력 및 유연성을 향상시키고 지질단백질과 포도당의 신진대사를 증진시키며 뼈의 힘을 증가시킬 수 있다. 걷기와 마찬가지로 자전거도 건강에 상당히 도움이 된다. 예를 들어, 많은 연구에서 활동적으로 자전거를 타는 사람은 그렇지 않은 사람들에 비해 사망위험이 낮다고 보고했다. 또한 규칙적이고 적절하게 신체 활동을 하는 경우 노인은 보다 더 독립적인 생활을 할 수 있다. 신체 활동이 정상적으로 근육의 힘과 관절 구조의 기능을 유지하고 혈압을 낮추며 우울증과 염려를 덜어준다. 또한 비만을 줄이는 데 도움이 된다는 것은 잘 알려져 있다.

미국에서 진행된 한 연구에 따르면 모든 미국인이 적극적으로

---

[96] Billie Giles-Corti et al.(2016), "City Planning and Population Health: A Global Challenge", 〈The Lancet〉, 388: 2912~2924.

신체 활동을 한다면 심장질환, 결장암 및 당뇨병으로 인한 사망률을 35퍼센트 정도까지 줄일 수 있다고 밝혔다.[97] 미국에서 6천 명 가까운 노인을 대상으로 한 종적 연구에서는 평균보다 더 많이 운동한다고 응답한 여성들을 대상으로 6~8년 동안 추적 관찰한 결과, 운동을 덜 하는 여성에 비해 인지적 감소를 경험할 가능성이 낮다는 것을 발견했다. 대부분의 역학 연구는 높은 신체 활동이 인지 감소와 치매의 위험을 30~50퍼센트 감소시킬 수 있다는 것을 보고하고 있다.[98] 규칙적인 신체 운동은 특히 유전적으로 취약한 사람들 사이에서도 치매와 알츠하이머의 발병 위험을 줄이거나 지연시키는 데 효과적이다.[99]

신체 활동은 장애 및 만성질병의 발병을 지연시키기 때문에 노화와 관련된 기능적 제한과 독립성의 상실도 지연된다. 또한 골다공증의 발병을 지연시키거나 예방하는 데 도움이 될 수 있는데, 이것은 노인 여성에게 특히 심각한 문제인 낙상으로 인한 고관절 골절 문제를 방지하는 데에도 기여한다. 나아가 많은 연구에서 신

[97] Lawrence Frank, op. cit.

[98] D. E. BARNES et al.(2007), "Physical Activity and Dementia: The Need for Prevention Trials", 〈Exerc. Sport Sci. Rev.〉, 35(1): 24~29.

[99] Suvi Rovio et al.(2005), "Leisure-time Physical Activity at Midlife and the Risk of Dementia and Alzheimer's Disease", 〈Lancet Neurol〉, 2005(4): 705~711.

체 활동이 성인 우울증의 증상을 호전시킨다는 사실도 입증하고 있다.

한편 정원 가꾸기나 심부름을 위한 걷기와 같이 일하는 것과 결부된 신체 활동도 건강에 나쁘지 않다. 경우에 따라서는 이와 같은 신체 활동이 고정된 자전거 페달을 밟는 것과 같이 일정하게 정해진 운동 프로그램보다 건강에 더 좋을 수 있다. 따라서 신체 활동을 자유롭게 할 수 있도록 장려하는 환경을 조성하는 것이 중요하다. 예를 들어, 도시 전역에 잘 정비된 광범위한 자전거 전용도로를 추가하면 사람들이 자전거로 이동하며 근무지 또는 학교로 안전하고 쉽게 다닐 수 있을 것이다. 마찬가지로, 엘리베이터 대신에 계단을 이용하는 것을 권장하는 교육 프로그램은 직장에서 사람들의 신체 활동을 증가시킬 수 있다.[100] 이와 같이 사람들이 일상생활에서 자연스럽게 신체 활동을 충분히 할 수 있도록 도시의 환경을 만드는 것이 매우 중요하다.

도시 공유 자원에 대한 새로운 인식

공기는 인간에게 절대적으로 필요한 생명의 요소이다. 우리는 하루에도 3만 번 정도 숨을 들이마셨다 내쉬면서 생명을 유지하는

---

[100] Lawrence Frank, op. cit.

데, 이렇게 소중한 공기를 당연히 주어진 것으로 여기면서 가치 있는 자원으로 생각하지 않는다. 하지만 공기는 매우 중요한 '도시 공유 자원'의 하나이다. 최근 들어 공기오염이 심해지면서 공기는 더 이상 제한 없이 공급되고 무한한 회복력을 지닌 자원이 아니라 상당히 소중하게 관리해야 할 유한한 자원으로 인식되고 있다.

도시는 인구밀도가 매우 높은 지역인 만큼, 오염된 공기로부터 시민의 건강을 지키려면 오염된 공기를 제거하고 건물 사이를 통과하는 기류를 늘리는 게 중요하다. 대기오염이 심해지면서 도시의 공기질을 개선하려는 노력의 중요성은 그 어느 때보다 더욱 커졌다. 최근에 향상되어온 시뮬레이션과 기류 모델링을 통해 이제는 공기가 도시를 통과하는 방식과 그 흐름을 방해하는 요인 그리고 도시 계획으로 공기질을 향상시키는 법을 알 수 있게 되었다. 최근에는 센서 기술이 발전해 더욱 정밀한 환경 데이터도 얻을 수 있게 됐다. 앞으로는 공간적 범위를 아우르는 자율 센서가 방대한 양의 데이터를 수집할 것으로 예상한다. 이런 데이터를 활용할 때 비로소 건물과 도시의 특징이 공기질에 미치는 효과를 이해할 수 있고, 그에 따라 도시의 공기질 개선에 기여할 수 있는 건축 전략도 나오게 될 것이다.

도시 공유 자원 중 물 역시 도시 생태와 긴밀하게 관련돼 있다. 고대 도시를 비롯한 대부분의 도시는 물이 가까이 있는 곳에서 성장했고, 최초의 도시 정책은 물 사용에 관한 것이었다. 《함무라비

법전》은 경작지의 면적을 기준으로 물을 배분하는 조항을 담았고, 농부들이 운하를 유지하고 관리할 책임을 명기했으며 운하에 대한 행정부의 책임도 기술했다. 이와 같이 물은 소중한 자원으로서 인식되었고 상당한 관리를 필요로 한다. 그런데 오늘날 이 같은 물 자원 관리가 기후 변화 등의 요인에 의하여 심각하게 위협 받고 있다. 도시 인구가 청정수를 이용할 기회가 줄어들고 있고, 2050년이 되면 인류의 3분의 1이 깨끗하고 안전한 수원을 이용하지 못하게 될 수 있다.

20세기 초에 들어서면서 유럽의 도시들이 성장하면서 지하수가 점점 더 오염되기 시작하자, 수질 정화에 대한 요구가 커졌다. 당시 매사추세츠 공과대학의 엔지니어들은 황산알루미늄을 이용한 모래 필터로 빠르고 신뢰할 만한 정수 처리 시스템을 발명했다. 이 '급속 모래 여과' 시스템은 지금도 가장 많이 쓰이는 정수 방법으로 도시에서 수인성 질병의 확산을 방지하였고, 더불어 인간의 수명을 크게 늘리는 데 기여하였다. 이와 더불어 도시에서 나오는 생활하수를 지하의 수로와 분리하자 도시의 질병 발생률은 더욱 줄어들었다. 실제로 모래 필터의 도입이나 염소 소독과 같은 획기적인 수질 처리 조치나 하수처리 시스템의 개발이 이루어진 후, 곧바로 도시 인구의 평균 수명이 상당히 늘어났다. 20세기 전반에만 미국인의 평균 기대수명이 47세에서 63세로 증가했으며, 그런 증가의 절반가량은 수질 처리로 인해서 생긴 변화였다.

이와 같이 중앙화된 정수 및 하수처리 시스템들이 도입되면서 사망률이 크게 줄어들고 평균수명이 늘어나면서 도시의 번성을 이끌었다. 하지만 중앙 집중 시스템에 지나치게 의존하게 되면서 효율성과 안전성의 문제가 제기되기 시작하였다. 광대한 배관망을 통해 물을 보내는 데 대량의 에너지가 쓰일 뿐 아니라 배관망이 부식되면서 안전의 문제가 다시 생기고 있기 때문이다. 한편, 도시의 물 기반 시설을 탈중심화하면 에너지 소비를 줄일 수 있고, 유지비용도 줄일 수 있다. 미래에는 소규모로 정수하고 중수를 재사용하는 분산시스템이 에너지도 적게 소비하고 안전 관리도 용이하기 때문에 점점 더 매력적인 물 관리 기반이 될 것이다.

전력 에너지 역시 분산시스템이 대안으로 등장하고 있다. 소규모의 지역 발전, 이른바 '분산 전원'으로도 도시에 필요한 에너지를 대부분 공급할 수 있기 때문이다. 분산전원은 값비싼 송배전 설비가 필요하지 않을 뿐만 아니라 전력 손실 자체를 줄일 수 있다. 게다가 소규모 분산형 발전은 도시의 성장 속도에 맞추어 쉽게 확장할 수 있어 중앙 집중형의 거대한 발전소를 새로 건설할 필요가 없다. 분산시스템은 재생에너지와 보다 쉽게 결합할 수 있다는 장점도 가지고 있다. 현재는 전체 에너지를 분산형 재생에너지로 공급하는 도시는 거의 없지만 이미 시작한 도시들도 있다. 스웨덴 항구도시 말뫼Malmo의 1천 가구가 거주하는 마을은 전력을 100퍼센트 태양광과 풍력을 이용하여 공급하고 있으며 바다와 암반층

그리고 태양으로부터 에너지를 얻고 있다.101

한편 자원과 관련하여 현대 사회는 공유 자원을 사적으로 쓸 자유가 있다고 믿었고 그런 신념에 따라 행동하는 것을 허용했다. '자유시장'을 공유 자원에 대한 자유로운 이용과 혼동하고 있는 것이다. 그러나 '공유지에 방목할 양을 추가할 개인적 자유'는 토양 침식과 저수량 손실 그리고 사막화를 초래한다. 이처럼 공유자원을 마음대로 사용하는 자유는 생명을 지탱하는 생태계의 기반 자체를 파괴하고 만다. 도시의 공유 자원도 마찬가지이다. 사람들의 건강 그리고 주변 환경과의 조화를 고려하지 않은 사적인 공간 이용은 도시에서 또 다른 '공유지의 비극'을 초래할 수 있다.102

이제 생태적 관심사가 긴급한 성격을 띠고 그 규모가 커지고 있다. 위기에 처한 도시는 다시 자연과 기술을 충분히 이용하여 도시의 발전을 가져올 새로운 도시 모델이 필요하다. 도시가 불평등과 생태계 파괴를 생산하고 있는 현재의 구조에서 벗어나 공동체 구성원 모두에게 이익이 되는 사회가 되려면, 자원과 기술을 공유하려는 도시적 실천이 필요하다. 그리고 이러한 도시적 실천은 시민의 건강을 증진하는 데 큰 역할을 할 것이다.

---

101 월드워치연구소, 앞의 책.
102 배형민, 앞의 책.

도시 계획을
시작하라

도시를 개혁하다

위생도시에서 출발한 초기의 도시 계획은 인구 밀집이라는 도시 문제를 타파하고자 여러 대안을 제시하였다. 그 대안 중에는 영국의 에베네저 하워드Ebenezer Howard가 주장했던 전원도시가 있다. 하워드는 도시의 인구 분산과 공동체의 안정, 그리고 생산력 증대를 목표로 하는 전원도시를 계획하였으며, 중심 도시 주위로 전원도시가 둘러싼 형태의 도시 모형을 세웠다. 이러한 계획은 20세기 초부터 영국의 일부 도시에서 시행되었는데, 오늘날 런던 주변은 전원도시 계획에 따른 모습으로 구성되어 있다. 미국에서도 기존의 도시를 개선하고 미적 요소를 갖추기 위해서 상징적인 건축물과 광장 그리고 공원을 건설하고자 했던 '도시 미화 운동'이 19세기 후반부터 진행되었다. 이러한 도시의 미화가 생활환경을 완화하여 소위 '숨 돌릴 수 있는 공간'을 만들 수 있다고 생각했기 때문이다.

예를 들어, 시카고에서는 1893년에 열린 세계 박람회 이후 공원, 주요 도로, 공공건물, 예술 및 유원지 등을 도시 전역에 새롭게 건축하기 위한 계획을 홍보하였다. 이와 같은 도시 미화 운동으로 상징적인 건축물과 공원들이 건설되었지만, 그럼에도 도시 문제는 끊이지 않았다. 이때 이러한 문제의 대안으로 떠오른 것이 소위 도시를 구역으로 나누는 '구역제zoning'였다. 구역제는 고대에서부터 시행되던 토지계획방법으로, 용도에 따라 토지의 사용을 분류하고 규제하기 위해 사용되고 있었다. 그런데 공장과 관련된 인구 밀집 현상, 도시 환경의 오염 심화, 그리고 도시 내 인구집단 간의 불평등 등이 도시의 골치 아픈 문제로 떠오르자 도시 구역의 기능적 사용 분리를 고려하기 시작한 것이다.[103]

산업혁명 이후 독일을 시작으로 많은 국가들이 도시 내 특정한 지역을 지정해서 그 지역을 주거지역과 상업지역, 산업지역으로 구분하기 시작했다. 그 결과 이전에는 도시의 다양성과 활력이 지역 내의 다양성에서 만들어졌지만, 특정한 이용 목적으로 구분된

103 Emily Talen(2012),《City Rules: How Urban Regulations Affect Urban Form》, Island Press.

건물과 구역 패턴은 도시 안에 있는 동네의 성격과 모습을 완전히 바꾸어 놓았다. 따라서 다양한 기능의 상호작용을 통한 공생의 기반이 구역제로 인하여 상실되고 만 것이다.

20세기 중반이 되자 도시 공간을 분리된 용도가 아니라 여러 용도의 결합이나 혼합이 이루어지는 다양성이 있는 장소로 변화시켜야 한다는 주장이 다시 대두되기 시작하였다. 다양성이 지역사회에 생동감을 가져올 수 있기 때문이다. 다양한 가게들이 있는 도시에서는 여러 가지 문화적 기회나 풍경 그리고 사람들 간의 교류로 활력이 생겨난다.104 한편 작은 지역에 집중된 인구, 즉 고밀도로 집중된 인구는 또 다른 활력의 원천이다. 따라서 다양성을 가진 고밀도 도시는 재미있고 융통성이 있으며 쾌활한 삶의 방식을 가질 수 있다.105

이러한 다양성을 가진 도시에 보살핌의 여건이 구성된다면, 가족이나 친구 또는 근린지역과의 상호관계를 촉진함으로써 긍정적인 인간관계가 형성될 수 있다. 보살핌의 여건이란 좋은 의료서비스와 보육 및 요양시설과 같은 돌봄의 사회적 네트워크가 도시에 갖추어져 있는 것을 뜻한다. 이러한 사회적 네트워크를 통하여 고용 및 교육 기회를 어디서 찾을 수 있는지, 혹은 새로운 상품 혹은

---

104 제인 제이콥스(2010), 유강은 역,《미국 대도시의 죽음과 삶》, 그린비.
105 배형민, 앞의 책.

서비스를 어디서 구할 수 있는지와 같은 지역사회 정보를 얻을 수도 있다. 이러한 여건이 만들어지면 도시 생활의 스트레스를 완충시켜주는 정서적 지지를 제공함으로써 건강을 증진하고, 질병으로부터의 회복을 촉진할 수 있을 뿐만 아니라 자기존중감의 증가에도 기여할 수 있다. 따라서 미래 도시의 계획에는 다양성이 있는 공간과 장소에서 사람들 간에 교류가 활발하면서 서로 도움을 주고받는 관계, 즉 사회적 네트워크의 구축이 가장 중요한 고려사항이 되어야 한다.106

시민 사회와 건강도시

민주사회란 일정하게 주어진 사회적 틀이라기보다는 사회 구성원들이 서로 의견을 내어 토론하고 합의하여 만들어가는 사회를 말한다. 따라서 지역사회 내의 토론의 장은 민주사회를 만들어가는 근간이 되고 민주적인 의사결정과정은 정의로운 사회를 만들어가는 도구가 될 수 있다. 사실 민주주의의 형태는 시대와 국가에 따라 꽤 다르지만, 민주주의라는 개념에는 공통적인 요소가 포함되어 있다. 바로 공동체가 참여를 통하여 집단적 자기결정권을 가진다는 것이다. 민주주의를 통해 구성원들은 동등한 권리와 참여 기

---

106 제이슨 코번, 앞의 책.

회를 가지고 토론에 참여하며, 그들의 운명을 공동으로 만들어 나가는 동시에 그에 대한 책임도 같이 진다.107

시민이 계획하고 실행하는 사회의 바람직한 모델의 역사적 시작은 그리스 아테네의 폴리스polis라고 볼 수 있다. 군사 훈련을 끝낸 성인 남성 시민에 한해서 투표권이 주어졌지만, 투표권이 있는 이들을 중심으로 입법과 행정에 관한 결정이 이루어졌으므로 직접 민주주의를 시행한 셈이다. 그러나 그리스의 민주주의가 펠로폰네소스 전쟁 후 과두정으로 변모한 이후엔, 폴리스와 같이 시민이 직접 참여하는 사회가 역사에 다시 나타나지는 않았다. 시민들이 직접 참여하여 운영했던 사회는 이후 봉건제나 왕정 또는 관료제 등으로 권력집단 중심의 사회로 바뀌었고, 중앙화된 권력은 이를 제도화하면서 사회를 운영해왔다.

지금은 민주주의가 전 세계로 확산되고 많은 사람들에게 친숙한 단어이지만, 사전적 정의 그대로 민주주의 체제가 운영되는 사회는 찾기 어렵다. 여전히 일부 소수만이 권력을 가지고 그것을 누린 채 사회를 좌지우지하는 것이 오늘날의 사회이다. 하지만 탈중심화되는 방향으로 전개될 미래 사회는 지금까지의 역사와는 다른 방향으로 발전할 가능성이 많다. 앞으로는 일부 소수만이 정보

---

107 Jan Aart Scholte(2002), "Civil Society and Democracy in Global Governance", 〈8 Global Governance〉, 8(3): 1~23.

를 독점할 수 없으며 많은 사람이 정보를 공유하거나 나누어 가지게 될 것이기 때문에 상호 간에 협력이 필요할 것이다. 따라서 미래 사회는 시민이 보다 적극적으로 참여하는 사회가 될 가능성이 크다고 전망할 수 있다.

시민 사회civil society라는 용어는 이미 고대 그리스 철학자와 로마인들의 작품에서 사용되고 있었다. 시민 사회의 현대적 사상은 18세기 후반 스코틀랜드와 유럽의 계몽주의 사상에서 나타나기 시작했지만, 시민 사회의 개념을 크게 발전시킨 건 토마스 페인Thomas Paine에서 헤겔에 이르는 다수의 정치 이론가들이었다. 이 변화는 프랑스 혁명 등의 정치적인 영역뿐 아니라, 사유재산보호와 시장 경쟁을 추구하는 부르주아 계급의 경제적인 개념이 반영된 결과였다.108 시민의 참여와 자유시장경제를 바탕으로 하는 시민 사회는 이후 두 차례에 걸친 세계 대전과 대공황의 영향으로 잠시 주춤하였으나 시민이 직접 참여하는 민주주의에 대한 갈망을 꺾지는 못하였다. 특히 1980년대부터 휘몰아친 인터넷 기반의 정보혁명은, 시민 간의 네트워크를 형성하고 이를 통해 시민 사회를 형성할 수 있는 도구를 제공하게 되었다.

자발적으로 만들어진 조직과 시민 단체들의 네트워크는 시민 간의 신뢰와 협력 그리고 높은 수준의 시민 참여와 활동을 창출한

---

108 Thomas Carothers(1999),《CIVIL SOCIETY》, Carnegie Endowment.

다. 그리고 지역사회에 대한 시민의 참여와 자발적인 활동을 통해서 사회에 대한 신뢰가 커지게 된다. 예를 들어, 전염병의 대유행과 같은 위기가 닥쳐왔을 때 시민의 자발적인 참여는 위기 극복을 수월하게 할 뿐 아니라 공동체에 대한 신뢰를 높이지만, 일방적인 행정만 있는 경우 사회에 대한 신뢰가 떨어져 위기는 확산된다. 신뢰는 안정된 사회를 유지하면서 생산력을 증대시키는 역할을 하기 때문에, '자연 상태의 투쟁적 관계'에서 '평화롭고 안정된 사회'로 바꾸는 데 도움을 준다. 반면, 신뢰가 없는 사회는 살기에 매우 어려울 뿐 아니라 지속되기 힘들다.[109] 신뢰를 기반으로 형성된 사회는 개인에게 더 많은 권한과 권리를 부여할 것이고, 이를 이용하여 각 개인은 자신을 실현함으로써 궁극적으로 사회 각 영역에서 발전을 이룰 것이다.

한편, 사람들은 자신이 속해 있는 사회 혹은 경험한 지식에 대해 누구보다 잘 알고 있다. 자신이 살고 있는 장소에 대한 특별한 지식을 가지고 있는 것이다. 이렇게 습득한 지식은 어느 특수 분야의 전문가라고 불리는 엘리트의 지식과는 다르다. 만일 다양한 사람들의 단편적이지만 특별한 정보들을 공유하고 이를 바탕으로 사회의 문제해결을 시도한다면, 그 결과는 매우 효과적일 수 있다.

---

[109] Kenneth Newton(2001), "Trust, Social Capital, Civil Society, and Democracy", 〈International Political Science Review〉, 22(2): 201~214.

시민들이 스스로 생각을 공유하고 직접 계획하여 실행하게 된다면, 새로운 지역사회가 만들어질 수도 있다. 이러한 생각들이 모이면서 예기치 못한 새로운 아이디어가 떠오르거나 개발되어 흥미로운 경제적, 문화적, 정치적 결과를 초래할 수도 있다. 이렇게 미래 도시가 시민들을 개방적으로 참여시키는 구조를 가지게 되면, 사람들은 도시를 자신들의 것이라고 느끼게 될 것이다.

현재에도 이미 공유 기술의 사용이 생활 속에서 빈번하게 이루어지고 있다. 미래에는 더욱 다차원적이면서 자연스럽게 시민들의 생각을 모으는 방법들이 적용될 것이다. 사이버 공간 내의 커뮤니티는 인터넷이 대중들에게 보급된 이래 그 규모를 점차 키웠고, 오늘날에는 사회관계망 서비스social network service를 통해 불특정 다수와 여러 주제에 대한 생각을 공유할 수 있게 되었다. 미래 도시가 이러한 공유 기술을 이용하여 시민들의 다양한 지식을 동원해 활용할 수 있다면, 미래에는 아테네의 폴리스와 같이 시민이 직접 참여하는 민주주의가 다시 실현될 수도 있다.[110] 그리고 이를 통해서 사회 전체가 건강해질 수 있다.

---

110 배형민, 앞의 책.

암호와와 건강도시

국가가 생기기 이전부터 권력은 존재했다. 농업혁명 이후 모여 살기 시작한 인구는 공동체의 규모가 커지자 통제의 필요성을 느끼게 되었다. 그리고 이러한 사회적 필요성은 부족장 혹은 왕이라는 권력체계를 만들었다. 부족장은 도덕적인 권위를 갖추었을 뿐 아니라 강제력을 부여받으면서 순종하지 않는 구성원을 처벌할 수 있는 권력을 쥐게 되었다.[111] 이렇게 중앙 집중적인 권위체계가 시작된 것이다. 그리고 고대 문명에서 현대 사회에 이르기까지 이러한 권위체계는 그 형태는 바뀌었지만 강화되거나 최소한 유지되어 왔다. 한편 정치적인 권력이 권위체계를 가장 잘 드러내기는 하지만 권위를 기반으로 한 중앙 집중 체계는 정치적인 부문만이 아니라 사회의 전 영역, 즉 문화, 예술, 교육, 과학기술과 의료뿐 아니라 에너지와 상하수와 같은 일상생활의 영역에서 나타난다.

그러나 최근 들어 이와 반대되는 변화가 생기고 있다. 중앙 집중적인 체계가 분권화되는 현상이 나타나고 있는 것이다. 예를 들어, 현대인의 일상생활을 영위하는 데 없어서는 안 되는 전기에너지 분야를 보면 이러한 변화를 알 수 있다. 과거에는 발전소 같은 산업을 하기 위해서는 국가의 허가를 받아야 했고, 가격을 책정할 때도 정부의 개입이 필요했다. 전기에너지 생산과 공급은 중앙

111 고든 차일드, 앞의 책.

화된 체계가 비용과 규모를 생각할 때 효율적일 뿐 아니라 현실적이었기 때문이다. 그러나 태양광 패널이나 풍력발전 설비 그리고 마이크로그리드와 같은 전력 분산 기술이 등장하면서 이러한 논리가 설득력을 상실하고 있다. 사실 이러한 변화는 이미 시작되었다.[112]

분권화는 사람들이 몇 푼 아끼거나 버는 방법을 찾고 있다는 사실 정도를 의미하는 것이 아니라 그 이상의 새로운 산업 방식의 출현을 의미한다. 이런 접근법을 거래에 적용하면, 사회적으로나 경제적으로 새로운 방식의 비즈니스가 가능해진다. 분권화 방식은 영리 및 비영리 단체 모두 수직적 조직에서 벗어나, 수평적이며 민주적인 소통을 지향한다. 전 세계적으로 광풍을 일으켰던 비트코인도 이러한 방식의 가상 화폐이다. 특정한 권위체계나 기관을 두지 않고 다수의 합의가 모든 것을 결정한다는 조약에 의해 운영될 뿐이다. 이러한 탈중앙화의 움직임은 이제 막 시작되었을 뿐이다.

2008년 10월 31일 뉴욕 시간 오후 2시 10분, 암호학 전문가와 아마추어 관련자 수백 명이 사토시 나카모토Satoshi Nakamoto라는 사람에게서 이메일 한 통을 받았다. 그는 "저는 제3자 중개인이

---

112 폴 비냐, 마이클 J. 케이시(2015), 우현재, 김지연 역, 《비트코인 현상, 블록체인 2.0》, 미래의 창.

전혀 필요 없는, 완전히 당사자 간에 일대일로 운영되는 새로운 전자 통화 시스템을 연구해오고 있습니다."라는 내용으로 비트코인을 소개했다. 나카모토는 두 당사자가 보안이 필요한 정보를 서로 공개하지 않으면서도, 암호를 사용해 '가치'를 가진 토큰을 교환할 수 있는 온라인 교환 시스템을 소개했다.

〈암호화-무정부주의자선언The Crypto Anarchist Manifesto〉을 작성한 티모시 메이Timothy C. May는 "인쇄술의 발달이 중세시대 길드의 권력과 같은 사회적 권력구조를 변화시켰던 것처럼 암호화 기술이 거래에 있어 기업의 속성과 사회적 활동을 근본적으로 바꿀 것이다."라고 말하고 있다. 예를 들면, 자신의 소파를 남들에게 대여해 주거나 태양열에너지를 전기그리드 시스템에 제공하거나 혹은 트위터 같은 개인화된 미디어를 사용해 포럼을 만들고 소식을 전하는 활동들이 더욱 활성화될 거라는 이야기다.

전기에너지 분야 외의 다른 산업 분야에서도, 에어비앤비와 우버 같이 중간의 권위체계나 중개인을 거치지 않는 분산형 모델로의 변화가 일어나고 있다. 그리고 심지어 이런 현상은 가상화폐나 블록체인을 사용하지 않고서도 일어나고 있다. 이와 같은 신뢰 체계 기반의 분권화된 모델이 현실에 널리 통용된다면, 이는 생각보다 우리 사회에 광범위한 영향을 미칠 수 있다. 은행 또는 정부와 같은 중앙 권위체계가 가졌던 전통적 권력이 약해지며 많은 영역에서 분권화가 진행되고 시민들이 스스로 참여하고 결정하는 기회가 많아질 것이다. 사람들은 자가 태양열 발전을 하는 집에서 살며 운전기사가 없는 마을 공동체 소유의 자율주행차를 타고 다니고, 환전 및 기타 가치의 교환은 개인 간에 하게 되면서 훨씬 많은 것을 스스로, 직접 선택해 사용할 수 있게 될 것이다.[113]

이러한 흐름은 국내외를 막론하고 전 세계적으로 진행 중이며 일부 국가에서는 아예 정부가 주도하여 변화를 이끌고 있다. 예를 들어, 에스토니아는 전 국민이 모든 정보를 엑스로드에 저장하여 사용하고 있다. 이것은 에스토니아 내 모든 행정망과 민간 데이터 베이스를 연결한 디지털 시스템으로, 모든 행정업무가 엑스로드를 통해 이루어진다. 여기에는 중앙 서버가 없으며 개인 정보를 분산 저장하되 공유가 필요한 정보를 당사자의 동의를 통해 공유하는 시스템이다. 에스토니아 국민들은 자신의 신상 정보가 분산된 덕분에 외부로 유출될 것을 두려워하거나 철저한 통제와 감시를 당한다고 걱정하지 않는다. 제각기 떨어져 있는 정보들을 연결하더라도 이것은 철저하게 본인이 사전 동의한 데이터에 한정되기 때문이다.

이처럼 분권화된 시스템은 정보의 상호 교류를 바탕으로 하여 행정 정보뿐 아니라 의료 체계에도 도입되고 있다. 에스토니아에서는 구급차를 부르는 순간, 환자의 전자주민번호를 확인하고 과

---

113 폴 비냐, 마이클 J. 케이시, 위의 책.

거의 병력을 조회한다. 이를 바탕으로 환자가 호소하는 증상을 대조하면 어떤 문제인지 훨씬 더 쉽게 실시간으로 알 수 있다. 따라서 출동하는 순간부터 해당 분야의 전문가를 연결해서 치료에 필요한 골든타임을 놓치는 일을 막을 수 있다. 환자가 구급차를 타고 이동할 때도 마찬가지다. 인공지능에 기반을 둔 환자 분석을 거쳐 가용 병실이 있고 해당 질병에 보다 전문성이 있는 응급의사가 배치된 병원을 찾은 후, 이 병원으로 안내한다. 따라서 병원에 환자가 도착하는 순간부터 바로 맞춤형 응급 치료를 할 수 있는 것이다. 이와 같이 신뢰 기반의 의료 플랫폼을 만들어서 응급의료의 질을 획기적으로 높일 수 있는 서비스가 가능해지고 있다.114

의료서비스의 탈중심화

탈중심화의 문제는 근래에 들어 더 활발하고 다양하게 논의되고 있다. 20세기 후반, 인터넷의 보급과 세계화의 흐름으로 사회의 구조와 작동 양식을 근본적으로 바꿀 수 있는 새로운 환경이 조성되었다. 과거에 문명이 시작되면서 만들어진 사회는 권위체계를 이루면서 발전했다. 공동체의 인구집단 크기가 커지면서 의사결정을 할 때, 모든 사람들 의견을 고려할 수 없게 되자 각 개인의 권리

---

114 박용범(2018),《블록체인, 에스토니아처럼》, 매일경제신문사.

를 대표자에게 위임하게 되었던 것이다. 즉, 대표자만이 권위를 가지는 중심 권력이 만들어졌던 것이다. 반면 탈중심화는 중심 권력으로 모여 있는 권위들이 다시 각 개인에게로 돌아가는 것을 의미한다. 특히 인터넷을 기반으로 한 의사소통 기술의 발달은 과거에는 불가능했던 다수의 의견을 동시에 수집하는 것을 가능케 하면서 각 개인이 직접 참여하는 탈중심화를 촉진하고 있다.

결국 탈중심화는 지금까지의 문명을 넘어 새로운 문명으로 발전해가는 변화를 나타내는 중요한 특성 중 하나이다. 한편 이러한 탈중심화 사회가 이루어지기 위해서는 이를 실현할 동력이 필요하다. 가장 중요한 동력은 시민들의 요구에서 나오는 변화의 동력이어야 하고, 이러한 동력은 위계질서 없이 동등한 사용자 간의 네트워킹이 제대로 작동해야 만들어갈 수 있다. 다만 탈중심화로 가기 위해서는 어떠한 방식이 효율적이며 사람들의 삶을 개선할 수 있는지 끊임없이 실험과 논의의 단계를 거쳐야 한다. 그 과정과 대안 없이 사회시스템을 변경하게 된다면, 큰 혼란을 겪게 될 수 있기 때문이다. 반면 민주적으로 실험과 논의의 단계를 거쳐 이를 올바르게 실현할 경우에는 새로운 도시혁명을 현실화할 수 있을 것이다.

고고학자였던 고든 차일드Vere Gordon Childe가 주장했던 도시혁명은, 인류 문명을 시작하게 한 농업혁명과는 사뭇 다른 것이었다. 농업혁명이 기술적 변화와 사회적 변화가 결합되어 나타난 것

226

이라면, 차일드는 전적으로 사회 제도와 관행의 변화에 무게를 두고 도시혁명을 이야기하였다. 문명의 초기에 실권을 가진 왕이 처음으로 정부기관과 사회 계층화에 동반하여 나타났고, 다양한 영역의 경제활동이 크게 확대되었다. 그리고 최초의 도시들이 건설되었다. 사실 고든 차일드가 주장한 도시혁명은 도시에 국한되어 있지 않고, 도시를 포함한 복잡한 국가 차원의 사회와 제도들이 생겨나는 전체 과정을 의미했다.115 오늘날에도 비슷하지만 반대 방향의 변화가 포착되고 있다. 도시 공간의 변화뿐 아니라 이를 포함한 사회 전반의 혁명이 기술의 진보와 함께 시작되고 있다. 중심화를 이루면서 진행되었던 과거의 도시혁명, 즉 1차 도시혁명과 달리 이번에는 탈중심화로 진행되면서 발전해가는 2차 도시혁명인 것이다.

앞서 예를 들었던 에스토니아가 이러한 기술을 사용해 탈중심화로 향해 가는 대표적 국가이다. 에스토니아는 정책 결정 시스템은 물론 정책을 집행하는 시스템도 디지털 기술로 개혁하기 시작했다. 이를 학교나 병원, 경찰서 등과 연결하게 되면 사람들이 수작업으로 문서를 관리하지 않아도 컴퓨터 시스템에서 알아서 개

---

115 Michael E. Smith(2009), "V. Gordon Childe and the Urban Revolution: a historical perspective on a revolution in urban studies", 《Town Planning Review》, 80(1): 3~29.

인 데이터를 관리하여 필요한 업무 처리를 할 수 있다. 이러한 정부 시스템은 의사결정에 필요한 데이터를 언제든지 조회할 수 있다는 가정하에 구축되면서 시민들에게 주어진 중복 데이터베이스와 종이 문서는 거의 없다. 블록체인 기술을 성공적으로 접목하면 개인 정보 해킹으로부터 안전해질 뿐 아니라 데이터 조작 의혹을 받을 일이 없기 때문에 사회적 신뢰를 높일 수도 있다.[116]

국가 내의 행정 처리뿐 아니라, 여러 나라들과 대화하고 협의해야 할 국제적인 협력체계에 있어서도 이러한 탈중심화가 진행되고 있다. 예를 들어, 기후 변화 문제나 물 부족 문제에 있어서 논의의 중심을 이루는 행위자로 국가만이 아니라 다양한 단체 및 기관들이 참여하고 있다. 특히 전 지구적인 기후 변화와 같은 문제에 대응하는 데 있어서 국가들의 이해가 부딪히면서 국제기구와 같은 중앙화된 기구가 역할을 충분히 하지 못하게 되자 자발적인 비정부기구나 민간단체가 플랫폼을 만들어 대응하고 있다. 예를 들어, 2019년에 있었던 브라질의 아마존 화재에 대응하기 위한 비영리 환경보호 단체의 암호화폐 기부 캠페인은 국가를 넘어서 국제적으로도 탈중심화가 일어나고 있음을 시사한다.

이러한 탈중심화 추세에 있어서 의료 역시 예외는 아닐 것이다. 의료서비스도 의료전달체계의 구조, 즉 동네 의원을 중심으로

---

116 박용범, 앞의 책.

하는 1차 의료서비스와 조금 큰 지역사회 병원인 2차 의료서비스 그리고 대학병원과 같은 종합병원을 중심으로 하는 3차 의료서비스가 위계적 질서를 가지고 있는 체계를 넘어서 발전해야 한다. 사실 의료전달체계는 부족한 의료자원을 효율적으로 사용하려는 생각을 바탕으로 하는데 이러한 중앙화된 체계는 현실에 있어서 잘 작동되지 않았다. 의료는 의사와 환자뿐 아니라 의료진 간의 위계질서가 아닌 협력을 바탕으로 이루어지는 것이 바람직하기 때문이다. 이러한 협력에 기반한 의료는 '의료전달체계'에서 '의료협력체계'로 변화되면서 의료서비스 역시 탈중심화되어 갈 것이다.

공정한 의료서비스의 제공

'공정'에는 두 가지 측면이 있다. 하나는 '출발'에서의 공정이고, 다른 하나는 '결과'로서의 공정이다. 출발에서의 공정은 교육이나 의료에 대한 접근성과 같이 결과가 나타나기 전의 기회에서 오는 공정성을 의미하고, 결과로서의 공정은 모든 이의 행위가 어떤 과정을 거치든 결과가 똑같거나 그에 상응함을 의미한다. 오늘날 사회는 출발선에서부터 기회가 공정하지 않다. 현대 사회는 소득을 기준으로 부유한 가정과 가난한 가정으로 나뉘고, 그들이 입고 먹고 마시는 모든 것의 질적 수준이 확연히 차이 난다. 그리고 그 결과는 무엇보다도 건강과 수명의 차이로 분명히 나타난다. 소득과 지위, 인종 등의 차이로 인해 나타나는 이러한 불공정을 없애거나 최소한 줄여야 출발선에서의 차이가 줄고, 그 결과에서 나타나는 차이를 어느 정도 불가피하다고 인정할 수 있을 것이다.

현대 사회의 기본 구조 속에는 이미 구성원들의 사회적 지위가 형성되어 있다. 그 지위를 바탕으로 태어난 사람들은 정치적, 경제적, 사회적 여건에 따라 삶을 누리는 수준이 대략적으로 정해져 있으며, 이러한 수준이 어떤 이들에게는 유리하고 또 어떤 이들에게는 불리한 환경일 수 있다. 여건이 좋지 않은 그룹에 속한 이들은 태어날 때부터 기울어진 운동장의 불리한 쪽에 서 있어야 하는 것이다. 《정의론》을 썼던 존 롤즈John Rawls는 이러한 불평등을 해소하기 위한 방안으로 두 가지 원칙을 이야기하였다. 하나는 기본적 권리와 의무가 평등하게 할당되어야 한다는 원칙이며, 다른 하나는 여러 가지 사회적, 경제적 불평등을 인정하더라도 이는 사회의 최소 수혜자에게 상당한 보상적 이득을 줄 경우에만 정당하다는 원칙이다.[117]

결과의 차이를 인정하고 이를 보상과 연결하는 '능력 본위' 사회는 대체로 각자에게 '그의 기여에 따라', '그가 받은 훈련과 교육에 따라' 그리고 '그의 노력이나 그가 부담해야 할 위험에 따라' 보

---

117 홍성우(2015), 《존 롤즈의 『정의론』 읽기》, 세창 미디어.

상하는 사회이다. 이러한 사회에서는 차등적인 보상으로 인해 사회적이고 경제적인 불평등이 생길 수밖에 없다. 그러나 어떤 의미에서는 결과 측면에서 모든 사람을 같은 수준에 맞추는 평등은 오히려 차이를 인정하지 않음으로써 불공정을 만들어 낸다. 따라서 정의롭고 공정한 사회를 만들기 위해서는 모두에게 비슷한 선에서 출발할 수 있도록 하되 그 결과는 노력이나 부담해야 하는 위험의 정도에 따라 차이가 있도록 체계를 만들어야 한다. 그렇지만 한편으로는 사회적으로 가장 수혜를 받지 못하는 사람들에게 상당한 보상을 해줌으로써 결과의 차이가 사회의 통합성을 깨지 않도록 하는 장치가 필요하다.

그리고 그 시작은 '건강'이고 이를 뒷받침하는 의료시스템이라고 볼 수 있다. 결국 인간의 삶은 생명을 유지하고 자손을 낳아 번성하는 것이 목적이다. 건강을 기반으로 한 것이기 때문이다. 건강하지 않다면 삶을 즐길 수도 없고, 제대로 사회적 기능을 하면서 살아갈 수도 없다. 따라서 가장 필요한 것은 건강을 유지할 수 있도록 사회적 지원체계와 의료서비스를 제공하는 것이다. 그렇지만 미래 사회에서는 생활 습관과 노화에 따른 질병이 현재에 비해 크게 증가할 것이기 때문에 국가나 사회가 이를 모두 책임지고 관리할 수는 없다. 국가나 사회가 할 수 있는 것은 건강 격차를 줄이기 위한 장치를 만드는 것이고, 그것이 미래 도시를 설계할 때 핵심이 되어야 한다. 특히 의료서비스 접근이 어려운 최하위 계층에게도 기본 의료서비스가 제공되도록 하는 것이 중요하다. 공정한 의료 실현에 앞장서고 있는 스웨덴 정부는 "건강에 있어 사회적 차이를 줄이는 것이 의료의 핵심 목표"라고 언급하면서 의료 전략을 세울 때 특히 중요한 것은, 가장 취약한 사람들에게도 건강을 개선시킬 수 있는 가능성을 충분히 제공하는 것이라고 하였다.[118]

이때 가장 중요한 관심사는 "의료서비스를 어떻게 공정하게 제공할 것인가?"이다. 생명의 가치를 금전으로 환산해 자금 배분 결정을 내린다면, 금전으로 환산한 효과가 가장 큰 쪽에 우선적으로 비용을 지불하게 될 것이다. 예를 들어, 임신한 여성이 난민의 신분으로 다른 나라로 이주하였는데 여러 역경을 거치면서 조산을 하게 되었고 태어난 아이가 고가의 비용이 들어가는 신생아 집중치료를 받아야 한다면 이 가난하고 아픈 아이를 돌보는 것은 비효율적인 일이라고 생각할 수 있다. 사회 전체적으로 보면 그 비용으로 더 많은 사람에게 혜택을 줄 수 있고 금전으로 환산한 효과가 더 클 수 있기 때문이다. 또한 난민의 아이는 자국민보다 의료비용을 분배하는 데 우선순위가 떨어진다고 할 수도 있다. 하지만 정치적인 목소리를 낼 수 없으며 사회의 최소 수혜자인 가난하고 아픈

---

118 Lennard S. H. C.(2019), "Livable Cities: Concepts and Role in Improving Health", In Nieuwenhuijsen M., Khreis H. (eds.) 《Integrating Human Health into Urban and Transport Planning》, Cham: Springer.

아이들에게 관심을 기울이는 것이 '사회 정의'에 맞는 것이라면 이 아이에게 돈을 지출하는 것이 '공정한' 의료서비스일 것이다.

코로나바이러스 전염병이 빠른 속도로 전파되면서 병원과 병실 등 감염된 환자를 모두 수용하기가 어려운 상황에 급작스럽게 빠지면서 공정한 의료서비스의 문제가 제기되었다. 감염된 환자들의 80퍼센트 정도는 가벼운 증상만을 나타냈지만, 일부 환자 특히 노인들과 기존에 신장질환이나 심장질환, 또는 호흡기질환을 가지고 있던 환자들은 증상이 빠르게 악화되는 양상을 나타냈다. 이러한 취약한 인구집단의 사망률은 50세 미만의 환자 사망률보다 10배 이상 높았다. 특히 호흡기 증상이 심해지면서 산소 부족으로 고통을 받다가 신체 장기의 기능을 잃고 사망하는 경우들이 많이 나타났다. 적극적인 산소 치료가 필요한 것이다. 이때 중증 환자에게는 인공호흡기를 이용하여 산소를 공급하거나 더 심한 경우에는 에크모라는 장치를 사용하여 혈액을 환자의 몸에서 빼내서 산소를 직접 주입하고 이산화탄소를 제거하여 환자 몸 속으로 다시 돌려보내야 한다. 그런데 환자가 갑자기 늘어나면서 병상이 부족하거나 또 인공호흡기나 에크모와 같은 산소공급장치가 부족한 현상이 생겼다. 이런 경우 어떠한 우선순위를 두고 누구를 먼저 치료할 것인지를 신속히 결정하는 것이 중요하다. 먼저 병원에 도착한 사람부터 치료하는 것이 형평성에 부합하는 방법일까? 아니면 도착 순서에 관계없이 질병의 중증도 순서대로 병상이나 치료방법을 변경하면서 치료를 하는 것이 맞을까? 또는 앞으로 사회에 기여를 많이 할 사람에게 우선권을 줄 것인지 아니면 그동안 사회에 더 많은 기여를 한 사람에게 치료의 우선권을 줄 것인지도 고려해야 할지 모른다. 이 같은 결정은 가용한 자원의 분포, 형평성, 그리고 무엇보다도 '공동체 전체에게 이익이 최대화되는' 방법을 생각하여 판단해야 하지만 환자 치료를 직접 담당하는 의사와 병원에게는 매우 어려운 결정이 된다.

건강에 대한 권리와 건강의 사회적 결정요인, 즉 주거, 교육, 일자리 등과 같은 삶의 기본적인 요소에 대한 권리는 기본적인 인권이다. "사람들은 건강할 권리를 가진다."라고 말하는 것은 "사람들은 건강의 사회적 결정 요인들에 대한 공정한 권리를 가진다."라는 의미를 포함한다. 이는 취학 전 좋은 교육, 좋은 학교, 좋은 주거환경, 괜찮은 임금의 일자리, 그리고 사회보장의 권리까지 포함하는 것이다. 존 롤즈는 정의로운 사회의 조건인 기회의 평등을 달성하려면 기초적인 사회적 재화에 대한 접근이 모두에게 보장되어야한다고 주장했다. 아마도 정의로운 사회를 이루는 기본 조건 중 하나인 의료서비스를 공정하게 누릴 수 있도록 사회시스템을 만드는 것은 무엇보다도 중요한 일일 것이다.

건강도시
하이게이아

지속가능 사회의 조건

영국의 의사이며 위생학자였던 벤자민 리처드슨이 '하이게이아'라는 이름의 위생도시에 관한 강연을 했을 때가 1875년이다. 그러니까 이때는 런던이 콜레라의 유행으로부터 가까스로 벗어난 시기였다. 당시 리처드슨은 질병 사망률이 아주 낮아져서 더는 질병으로 사망하는 일이 없는, 상상으로만 존재하는 위생도시를 역설하였다.

지구상의 모든 생물체가 경쟁을 통한 선택의 과정에 있는 것과 같이 인간도 자신의 생존과 번영을 위해 타인과 대립하며 역사를 만들어왔다. 이 경쟁은 선행인류에서 호모 사피엔스로 진화하면서 발전할 수 있었던 동력이기도 하였다. 그러나 이러한 '만인에 대한 만인의 투쟁'과 같은 자연 상태는 자신에게도 위험하기 때문에 타인과 힘을 합쳐 서로의 안전과 생명을 유지시키는 공동체를 만들게 되었다고 볼 수 있다. 토마스 홉스Thomas Hobbes의 주장을 빌리면 이러한 투쟁 상태를 벗어나기 위한 사회적 계약을 통해서 계약 당사자들이 존중하는 권위체계가 형성되고 이를 기반으로 문명사회가 이루어진 것이다.

공동체의 이점은, 한 명보다 여럿이 힘을 합칠 때 모두의 생존율을 더 높일 수 있다는 것이다. 이는 과거나 현재나 마찬가지이다. 과거라면 단순히 인구의 크기 혹은 힘을 쓰는 남성의 비율이 높은 경우에 공동체의 생존율이 높아졌겠지만, 현대 사회에서는 그리 단순하지 않다. 오늘날의 공동체를 구성하는 각 개인이 모두 같은 역량을 가졌다고 볼 수 없기 때문에 공동체 내의 역량을 단순하게 인구를 합산한 수로 나타낼 수는 없다. 개인의 역량과 공동체의 능력을 결정하는 요인은 소득, 교육, 나이, 신체적 및 정신적 능력, 자원에 대한 접근성, 그리고 사회적 자본 등이다. 인구의 크기와 이러한 변수들이 공동체가 전염병과 같은 질병의 유행이나 자연재해와 같은 환경의 위험에 대응하고, 미래의 불확실성에 대처할 수 있는 기반이 된다.[119]

---

119 EfratEizenberg, Yosef Jabareen(2017), "Social Sustainability: A New Conceptual Framework", 〈Sustainability〉, 9(1): 1~16.

이와 같이 공동체의 목적은 구성원인 각 개인의 안전과 생명을 지키는 것뿐 아니라 공동체 전체의 위험과 불확실성에 대처하면서 지속적인 발전을 이루는 것이다. 한편 공동체가 번성하려면 구성원들이 다양한 기회를 얻고 이를 통해 스스로 발전할 수 있는 기반을 제공받아야 한다. 그런 측면에서 보면 도시 공동체는 단순한 생활 거주지 이상의 의미를 가진다. 도시 공동체는 다양한 연령, 배경, 재능을 가진 사람들이 모여 사회적 네트워크를 형성해가는 곳이다. 이러한 네트워크를 통해서 구성원들은 지역사회 활동과 의사결정에 참여할 수 있는 기회를 얻게 되고 결국 공동체에 기여하게 된다.[120]

한편 주민들은 범죄와 무질서가 없어야 이웃에 대한 애착이 커지고 지역사회 네트워크와의 상호작용이 활발해지면서 안전함을 느낄 수 있다. 즉, 사는 동네가 안전하다고 느낄 수 있어야 지역사회의 응집력이 생기고 지속가능해질 수 있다. 자신들이 생활하는 공간이 안전하다고 느낀다면, 주민 간의 신뢰와 상호관계가 강화되면서 공동체 의식이 높아지기 때문이다.[121]

---

120 Mark Roseland(2012), 《Toward Sustainable Communities: Solutions for Citizens and Their Governments》, New Society Publishers.

121 Nicola Dempsey et al.(2011). "The Social Dimension of Sustainable Development: De?ning Urban Social Sustainability", 〈Sustainable Development〉, 19(5): 289~300.

형평성 또한 지속가능한 사회를 이루는 중심 요소이다. 형평성이 사회의 지속가능성을 위해서 중요한 이유는 공정하고 정의로운 사회일수록 사람 간의 교류가 늘어나고 환경문제 등 공동의 문제에 대한 관심이 높아지기 때문이다. 따라서 형평성은 기후 변화와 같은 환경문제와도 밀접하게 연결되어 있다. 불평등은 환경파괴를 야기하는 반면, 자원의 공평한 분배는 환경을 개선하는 데 기여하는 것으로 알려져 있다. 예를 들면, 기후 변화에 가장 취약한 사회는 일반적으로 자원의 분배가 불평등하며 결국 필요한 기술과 적절한 인프라가 형평성 있게 갖추어지지 않은 곳이다. 따라서 자원의 공평한 분배가 환경의 질 향상에 기여하기 때문에 결국 형평성, 즉 정의의 개념이 사회의 지속가능성을 담보하는 핵심 요소라고 할 수 있다.122 이를 위해서 도시 계획에는 주민들의 참여, 그리고 권력과 자원의 공평한 분배에 대한 고려가 포함되어야 한다.

지역사회의 개발은 단순한 성장이 아니다. 경제 발전으로 인한 긍정적 결과와 부정적 결과를 구별할 수 없는 국민 총생산GNP과 같은 경제성과지표를 통해 측정한 '성장'은 진정한 '개발'을 의미하지 않는다. 예를 들어, 주민들이 안전하게 걸어 다닐 수 있는 거리를 갖추지 못하여 교통사고가 증가하게 되었을 때도 교통사고 후에 발생하는 여러 가지 서비스는 국민 총생산을 증가시킨다. 따

---

122 EfratEizenberg, Yosef Jabareen, op. cit.

라서 개발은 양적 성장뿐 아니라 지속가능한 사회를 이룰 수 있는 질적 성장을 포함해야 한다. 그러한 의미에서 지역사회 개발에 있어 가장 중요한 것은 진정한 개발에 대한 주민들의 합의와 참여, 그리고 지속가능한 사회를 만들어가고자 하는 의지이다.[123] 미래도시 공동체가 진정한 의미에서 지속가능할 수 있도록 개발의 개념을 새롭게 확립하는 것이 중요하다.

포용적이고 참여적인 거버넌스

지속가능성이란, 미래 세대가 현 세대가 누리고 있는 것과 비슷하거나 그 이상을 유지할 수 있는 상태를 의미한다. 그러므로 지속가능한 발전은 지역사회를 다음 세대에도 지속되면서 발전할 수 있도록 바꾸는 질적인 변화이다. 따라서 단순히 환경오염을 막거나 현재 우리가 가지고 있는 것을 유지하는 것만으로 이루어지지 않는다. 지속가능한 개발은 환경을 충분히 보호하면서 인간의 복지를 향상시키기 위한 근본적으로 경제적이고 사회적인 변화를 의미하기 때문이다. 요컨대 지속가능한 개발은 지금까지의 양적인 성장에 기반한 개발과는 다른 종류의 질적인 개발이라고 할 수 있다.

미국의 50개 주州를 대상으로 한 조사에서, 보이스 등의 연구

---

[123] Mark Roseland, op. cit.

진은 투표 참여율, 세금의 공정성, 의료에 대한 접근성, 그리고 교육 달성 수준으로 측정하였을 때 형평성의 차이가 어떠한 결과를 초래하는지 살펴보았다. 이들은 형평성의 차이가 큰 주는 그렇지 않은 주에 비해 스트레스 수준이 높고, 유아 사망률이나 조산율이 더 높게 나타나며 환경 정책이 덜 엄격하다는 것을 발견했다. 이 결과는 불평등한 사회는 환경의 질에 나쁜 영향을 주고 주민의 건강 수준을 낮추어 지속가능성을 위협한다는 메시지를 준다. 결국 진정으로 지속가능한 사회는 복지와 의료서비스 그리고 경제적 기회가 환경과 조화를 이루면서 형평성 있게 이루어지는 사회이다.[124]

한편 공정한 분배의 문제만이 아니라 공동체 안에서 사람들의 구성원 자격을 서로가 인정하고 보호하려는 포용성을 갖추어야 한다.[125] 특히 사회적 지속가능성을 이루는 데 중요한 포용성 있는 도시라는 개념에 접근하려면 노년층, 어린이, 빈민층, 이주자, 실업자, 장애인처럼 주변화된 특수 집단의 눈으로 사회를 바라볼 필요가 있다. 사회적 응집은 포용성 있는 도시를 이루는 데 중요한 구성 요소로, 상이한 사회경제적 배경이나 인종적 배경을 가진 사람들 간의 사회적 관계를 건설적으로 만들어가기 위해서 반드시 필요하다.

---

124 Mark Roseland, op. cit.
125 EfratEizenberg, Yosef Jabareen, op. cit.

최근에 전통적인 정부government 역할과 시민 사회의 참여를 동시에 수용할 수 있는 대안적인 문제해결기구로 등장한 것이 거버넌스governance이다. 전통적인 정부의 개념을 포함하면서 새로운 통치의 의미를 주는 용어라 할 수 있다. 거버넌스의 개념은 1990년대 이후 미국, 영국, 뉴질랜드, 호주 등 OECD 국가들의 공공 개혁 추진 과정에서 정부와 시민 사회 등 문제해결 주체들 간의 관계를 새롭게 정립할 필요성이 대두되면서 등장하였다. 거버넌스 이론의 핵심은 공공서비스 전달 또는 공공문제해결의 과정에서 정부라는 제도적 장치에 전적으로 의존하기보다는 정부와 시민 사회 간의 협력적 네트워크를 적극적으로 활용하자는 것이다. 전통적인 정부에 비해 거버넌스는 수평적 네트워크, 혁신적 정책, 그리고 집단적 리더십 등과 같은 특성을 지니고 있어 민주주의가 발달할수록 거버넌스가 활성화되는 현상을 볼 수 있다.[126] 이와 같은 거버넌스의 활성화는 재해나 재난과 같은 사회적 역경에 직면하였을 때 훨씬 탄력성을 가지고 지역사회의 자원을 활용하여 대처할 수 있는 기반을 이룬다.

한편 지역사회는 대부분 지속가능한 발전을 위한 지역적 해결책을 만들 수 있는 자원, 즉 자연적인 자원 그리고 경제적이나 사회문화적으로 고유한 자원을 가지고 있다. 따라서 지역사회의 거버

---

126 김병완 외(2019),《지속가능발전 정책과 거버넌스형 문제해결》, 대영문화사.

넌스가 활성화되어 이러한 자원을 적절히 활용한다면 사회가 보다 지속가능한 발전을 이룰 수 있는 기반이 된다. 특히 기후 변화나 대기오염과 같은 환경문제를 다루는 데 있어 이러한 자원을 활용하는 것이 매우 중요하다. 건강한 미래 도시는 결국 시민들의 포용적이고 참여적인 의사결정을 통해서 건강한 환경과 활발한 지역 경제를 만들어 지속가능한 개발을 이루는 곳이라고 할 수 있다. [127]

공동체를 움직이는 플랫폼

디지털 플랫폼 경제가 부상하고 있다. 아마존, 이베이, 페이스북, 구글 등과 같은 회사들은 다양한 인간 활동을 가능하게 하는 온라인 플랫폼 구조를 가지고 있다. 이러한 플랫폼은 우리가 일하고 사회생활을 하며 경제적 가치를 창출하고 이익을 위해 경쟁하는 방식에 있어서 상당한 변화를 가져올 수 있는 길을 열어주고 있다. 디지털 플랫폼은 참가자들이 상호작용하는 다면적인 온라인 디지털 체계이지만 플랫폼마다 기능과 구조가 다양하다. 각 플랫폼은 서로 연결되어 생성되기도 하고 소멸되기도 하면서 사회의 기반을 이루는 생태계를 만들어 사회 공동체의 발전을 이끌어간다.

예를 들어, 구글과 페이스북은 검색과 소셜 미디어를 제공하는

---

127 Mark Roseland, op. cit.

디지털 플랫폼이고 아마존은 이베이처럼 시장 기능을 하는 플랫폼이지만 다른 플랫폼을 구축할 수 있는 인프라와 도구도 제공한다. 에어비엔비와 우버는 이러한 도구들을 사용해 만들어진 새로운 디지털 플랫폼으로써 기존 비즈니스에 많은 변화를 주도하고 있다. 다양한 시장, 일하는 방식의 변화와 함께 가치가 새롭게 창출되고 있는 것이다.[128]

디지털 플랫폼이 우리에게 미치는 영향은 이미 경제를 비롯하여 사회, 문화 속에 널리 퍼져 있다. 앞으로 미래 사회가 어떻게 전개될지 또한 이러한 플랫폼이 우리의 삶에 뿌리내리고 영향을 주는 정도에 상당히 영향을 받을 것이다. 따라서 어떻게 플랫폼의 기술을 받아들이며 사람들의 삶에 유용하게 만들 것인지가 중요한 선택이 될 것이다. 디지털 플랫폼의 진정한 가치는 특정 기술에 관한 것이 아니라 개인 간의 상호작용을 보다 효과적으로 만들고, 삶의 질을 얼마나 향상시킬 것인가에 있다.[129]

플랫폼은 시장에 있어서 몇 가지 긍정적인 효과가 있다. 소규모 기업은 플랫폼을 사용하여 소비자에게 다가갈 수 있으며 대기

---

[128] John Zysman(2016), "The Rise of the Platform Economy", 〈Issues in science and technology spring〉, 61(32): 61~69.

[129] Dutch IT(2018), 《Unlocking the value of the platform economy》, Transformation Forums.

업과 경쟁의 장을 수평화할 수 있다. 시장에서 진입 장벽이 낮다는 것은 더 많은 경쟁을 의미하며, 이는 플랫폼이 고객서비스의 수준 향상에 기여할 수 있다는 것을 의미한다. 예를 들어, 우버의 경쟁적 압력이 전통적인 택시 운전사들의 고객서비스를 개선했다는 사실을 보면 이를 알 수 있다. 사회와 공공재에 관련된 플랫폼은 장애인을 돕고 노인을 지원하며 이웃의 응집력을 강화하거나 행정서비스 영역의 개선을 도모하는 등, 플랫폼이 지역사회의 발전을 촉진할 수도 있다. 경우에 따라서는 플랫폼이 대규모 온라인 청원을 통해 보다 직접적인 정치적 참여를 가능하게 할 수도 있다.

특히 의료 분야의 플랫폼은 잠재적인 가치가 어느 분야보다 크다고 할 수 있다. 보다 편리한 의료서비스를 제공한다는 것을 훨씬 넘어서는 의미를 가질 수 있기 때문이다. 의료 플랫폼은 질병이 생겼을 때 이를 치료하기 위하여 병원을 방문하는 기존의 패러다임을 완전히 바꾸어 질병이 발생하기 전에 점검하고 예방하는 서비스로 전환하는 변화를 이끌 기반이 될 것이다.

이미 개인의 건강과 관련된 다양한 데이터가 만들어지고 있기 때문에 이러한 데이터를 수집하고 분석하여 각 개인이나 의료진이 판단하거나 결정할 수 있는 도구가 필요하다. 그러나 이러한 데이터의 수집과 분석 기능은 기존의 의료진과 병의원의 설비나 서비스에는 포함되어 있지 않다. 이러한 기능을 위해서는 사물인터넷과의 정보교환이 이루어져야 하고 음성이나 동작 분석, 그리고 영상분석과 자료처리 및 논리적 추론에 기반한 의학적 판단이 이루어져야 한다. 이를 위해서는 인공지능과 접목된 플랫폼이 필수적일 수밖에 없다.

구글이나 마이크로소프트, 삼성 같은 회사에서는 일찍이 모바일 의료 시장에 뛰어들어서 심전도를 탑재한 모바일 시계나 수면 모니터링을 할 수 있는 모바일기기를 만들어서 시장에 내놓았고 그 외에도 수많은 회사들이 앞다투어 모바일 의료 시장에 뛰어들고 있다. 그런데 이러한 모바일 의료 시장이 성공하려면 정확하고 신뢰할 수 있어야 하며 사용하기 편리해야 한다. 그리고 더욱 중요한 것은 건강 모니터링이 실제의 의료서비스와 연결되어 사용자가 혜택을 볼 수 있어야 한다. 아무리 좋은 모바일기기라도 사용자의 이익을 위하여 활용되지 않는다면 결국은 시장에서 퇴출될 수밖에 없다. 예를 들어, 심전도를 측정하는 모바일 시계를 차고 있던 사람이 갑자기 심정지가 왔을 때 이러한 응급상황이 의료기관에 전달되지 않는다면, 그 기기가 심장에 대한 체크를 아무리 잘한다고 하여도 실제로는 쓸모가 거의 없는 것이다.

개인이 사용하는 모바일기기뿐 아니라 개인의 전자의무기록이 병원에서의 의료정보와 함께 관리되고, 인공지능의 도움을 얻어 자료를 자동으로 분석하고 의사결정을 지원하게 된다면 모바일 의료기기부터 병원 의료정보까지 각 개인을 중심으로 연결할 수 있게 된다. 이는 '질병과 병원을 중심으로 한 의료'에서 '환자와 사람을 중심으로 하는 의료'로 패러다임이 바뀐 것을 의미한다. 이러한 경우 일상생활에서 질병 예방을 위한 코치를 지속적으로 받게 되고 실제 질병이 발생해 병원의 진료를 받게 될 때 이미 상당한 정보가 분석되어 보다 정확하고 정밀한 진단과 치료가 가능해진다.

이와 같이 개인과 병원이 하나의 시스템 안에서 정보교환을 이루고 정보에 근거한 판단으로 의료서비스가 이루어지는 새로운 의료가 플랫폼 의료이다. 플랫폼 의료를 통하여 의료의 중심을 '병원에서 개인과 가정'으로 '질병 치료에서 질병 예방'으로 그리고 의료서비스의 체계를 '의료전달체계에서 의료협력체계'로 바꾸어 갈 수 있을 것이다. 의료 플랫폼이 새로운 문명, 그리고 새로운 도시의 변화 방향과 궤를 같이하여 의료에 있어서도 탈중심화로의 변화를 이끌 것이다. 그리고 의료는 사회 체계를 구성하는 하나의 전문분야에 그치는 것이 아니라 사람들이 살고 있는 일상생활에 내재된 새로운 문명사회의 밑바탕이 될 것이다.

건강한 미래 도시, 하이게이아

미국 뉴욕 현대미술관 MoMA의 수석 큐레이터인 파올라 안토넬리Paola Antonelli는 〈2018 휴먼시티 디자인 컨퍼런스2018 SEOUL DESIGN CLOUD〉에서 '사람들이 사는' 도시의 중요성에 대해 이렇게 역설했다. "역사적으로 보면 이상적으로 표현된 대부분의 도시는 인간을 고려하지 않았습니다. 판옵티콘 형식의 도시는 대칭적이고 녹지를 포함해 완벽한 균형을 이루고 있습니다. … 하지만 이런 꿈들은 곧 악몽과 같은 결과를 가져옵니다. … 우리가 자연을 바꾸어 도시를 만들었지만, 이제는 도시가 곧 우리의 삶의 터전이자 자연이어야 합니다."

생테티엔 예술대학의 조시앙 프랑Josyane Franc은 도시 디자인 전문가이자 유럽을 중심으로 형성된 휴먼시티 프로젝트의 개척자이다. 그녀는 인간 중심의 도시를 만들려면 시민과 그들의 일상, 자연, 주변 환경을 돌보는 것이 중요하다고 말하면서, 쉽게 합의에 이르기 어려운 사람들을 포함하여 다양한 사람들의 생각을 잘 듣고 그것을 반영하는 것이 중요하다고 말했다. 도시는 기숙사가 아니라 사람을 잇는 인간 중심적인 공간이라는 것이 그녀가 생각하는 '휴먼시티'이다.

건강한 공동체를 만든다는 말은 수사적인 의미가 아닌, 문자 그대로 '건강한' 지역사회시스템을 만드는 것이어야 한다. 지속적인 인간의 복지와 번영을 이루기 위해서는 건강하고 생산적인 환경이 요구된다. 환경적으로 지속가능하고 사회적으로 공평하며 경제적으로 활성화된 지역사회는 환경변화가 가져오는 재해나 전염병의 유행과 같은 위기가 있을 때 탄력적으로 대응할 수 있다. 궁극적으로 이러한 변화는 지역사회와 생태계의 건강에 영향을 미치므로 이러한 변화를 이용하여 건강한 공동체를 만들어가야 한다.130 그런 면에서 오늘날 가장 큰 위협으로 대두되고 있는 기후 변화는 인류가 당면한 위기임에 틀림없지만 건강한 공동체를 만들 수 있는 좋은 기회이기도 하다. 기후 변화가 초래할 수 있는 문제들을 극복하기 위해서는 건강한 지역사회 공동체를 만들지 않으면 안 되기 때문이다.

한편 대부분의 '지속가능한 공동체' 논의는 건강한 사회를 목표로 하지만, '건강'을 중심에 두고 논의하고 있지 않다. 지속가능한 공동체는 사실상 건강한 공동체를 만드는 것과 같은 의미라고 할 수 있다. 실천적인 의미에서는 공동체 내의 구성원을 위해서 건강을 돌보는 시스템을 사회의 가장 기본적인 요소로 만드는 것이 지속가능 공동체를 만드는 데 있어 핵심적인 사안이다. 건강은 신체적, 정신적, 사회적 안녕 상태인데 그중에서도 사회적 안녕은 신체적, 정신적 건강의 기초를 이룬다. 사회적 상호작용과 소속감이 큰 영향을 주기 때문이다. 사회 구성원들이 서로를 인정하고 이익을 공유하며 교류하는 것이 건강을 위해 매우 필요하다.

따라서 공동체 구성원들이 서로 교류하면서 활기찬 사회생활을 할 수 있는 여건과 쾌적하게 생활할 수 있는 공간을 만들어가야 한다. 또한 지역사회에 대한 시민참여를 촉진시키고 민주적인

---

130 Mark Roseland, op. cit.

생활방식을 할 수 있는 여건을 만들어가야 한다.131 한편 도시의 인구 구성은 갈수록 다양해지고 경우에 따라서는 인종적 이질성을 유발할 수 있다. 이러한 변화는 도시의 다양한 계층과 새로 이주해 오는 사람들이 사회와 도시 생활에 통합되도록 관리해야 하는 어려움을 초래할 수 있다. 따라서 도시들을 설계할 때부터 교육, 의료, 직업, 주거 등 다양한 요소를 고려해 통합적이고 응집력 있는 도시를 만들어가야 한다.132

벤자민 리처드슨이 '하이게이아'를 꿈꾼 지 150년에 가까운 시간이 지났다. 그리고 이상적인 건강도시에 대한 과거의 상상을 현실로 만들 수 있는 조건을 어느 정도 갖추었다고 할 수 있다. 물론 이러한 꿈을 실현하기는 쉽지 않다. 여러 가지 과학기술의 문제와 사회적인 걸림돌들을 극복해야만 가능하기 때문이다. 지금 우리 사회는 성인 인구 절반 이상이 만성질환에 시달리고 있고, 전염병이 한번 휩쓸면 도시가 완전히 마비되는 사회에 살고 있다. 이제는 상상이 아닌 현실에서 미래의 도시를 건강하게 만드는 일이 무엇보다 중요한 지상과제가 되었다.

---

131 Suzanne H. CrowhurstLennard(2019), "Chapter 4 Livable Cities: Concepts and Role inImproving Health", In M. Nieuwenhuijsen, H. Kreis (eds.), 《Integrating Human Health into Urban and Transport Planning》, Springer International Publishing AG, part of Springer Nature 2019.
132 Mark Roseland, op. cit.

도시는 근본적으로 사회 연결망이며 이 사회망의 주요 역할은 사회적 통합을 증가시켜 도시의 풍부한 인적, 사회경제적 잠재력을 실현하는 것이다. 이를 위해서는 물리적, 사회적, 경제적 연계성을 촉진하고 새로운 사회경제적 활동을 만들며 사람들 간의 유대감을 향상시키는 방향으로 도시를 만들어가야 한다. 이러한 사회 연결망들이 조밀하고 제대로 작동할 때, 도시는 활력이 넘치고 번성하게 될 것이다.[133] 그리고 이와 같은 사회 연결망이 미래의 의료시스템과 성공적으로 연결되어 만들어질 때, 그 도시는 '건강한 도시'로 변하여 갈 것이다.

---

133 월드워치연구소(2012), 황의방 외 역,《도시는 지속가능할 수 있을까?》, 도요새.

나오며

건강한 미래 도시, 하이게이아는 세상에 아직 없는 도시이다. 하지만 자신을 위해서 또 후손을 위해서 누구나 꿈꾸는 도시다.《팬데믹》은 바이러스 등 여러 요인으로 혼란해진 도시를 어떻게 건강한 곳으로 만들어가야 할지에 관한 이야기이다. 사람들이 모여살고 후손을 낳고 번성하려는 목적을 이룰 수 있는 도시, 즉 삶의 공동체를 만들기 위한 방법에 관한 것이다. 도시에 사는 사람들의 질병을 예방하고 건강을 지키기 위해서 갖추어야 할 조건, 바로 미래의 건강도시를 만들기 위해 필요한 요소들을 적었다.

도시는 인류 발전을 견인해온 공동체이지만 한편으로는 인류가 겪었던 수많은 질환, 즉 천연두나 흑사병부터 당뇨병과 심장병에 이르기까지 다양한 질병을 유발한 환경을 제공했던 장소이기 삶의 터전이 되어야 한다. 누구도 소외된 사람 없이 모두가 참여하면서 건강하고 활발하게 사는 도시, 그것이 미래의 건강도시 하이게이아이다.

PANDEMIC

팬데믹

2020년 4월 7일 초판 1쇄
2020년 8월 19일 초판 7쇄

지은이 · 홍윤철
펴낸이 · 박영미
펴낸곳 · 포르체

출판신고 · 2020년 7월 20일 제2020 – 000103호
팩스 · 02 – 6008 – 0126 | 이메일 · porchebook@gmail.com

ⓒ홍윤철(저작권자와 맺은 특약에 따라 검인을 생략합니다)
ISBN 979 – 11 – 971413 – 5 – 5   03400

여러분의 소중한 원고를 보내주세요. porchebook@gmail.com